LA VIE
SECRÈTE
DES
ANIMAUX

Titre original : *Das Seelenleben der Tiere. Liebe, Trauer, Mitgefühl.
Erstaunliche Einblicke in eine verborgene Welt.*

Copyright © 2016 by Ludwig Verlag.

Première publication par Ludwig Verlag, une filiale de Verlagsgruppe
Random House GmbH, à Munich, en Allemagne.

© Les Arènes, Paris, 2018, pour la traduction française.

Les Arènes
27, rue Jacob, 75006 Paris
Tél. : 01 42 17 47 80
arenes@arenes.fr

La Vie secrète des animaux se prolonge sur www.arenes.fr

PETER WOHLLEBEN

LA VIE SECRÈTE DES ANIMAUX

AMOUR, DEUIL, COMPASSION :

UN MONDE CACHÉ S'OUVRE À NOUS

Traduit de l'allemand par Lise Deschamps

LES ARÈNES

SOMMAIRE

SOMMAIRE

AVANT-PROPOS

Des coqs qui mentent à leurs poules? Des biches en deuil? Des chevaux qui éprouvent de la honte? Il y a encore quelques années, tout cela relevait d'un fantasme nourri par les amis des bêtes qui, pour mieux se rapprocher de leurs protégés, prenaient leurs désirs pour la réalité. Moi le premier, qui suis depuis toujours entouré d'animaux. Qu'il s'agisse du poussin qui m'avait élu pour maman quand j'étais petit, des chèvres qui font chaque jour résonner leurs joyeux bêlements autour de chez nous ou encore des animaux de la forêt que je croise lors de mes rondes quotidiennes, je me suis toujours demandé : qu'est-ce qui peut bien se passer dans leurs têtes? Sommes-nous vraiment les seuls, nous autres humains, à goûter toute la palette du ressenti, comme les scientifiques l'ont longtemps affirmé? Serions-nous une exception biologique, les seuls êtres vivants à même de mener une existence consciente et accomplie?

Si c'était le cas, ce livre s'arrêterait là. Car si l'homme était une créature à part, le comparer à d'autres espèces serait impossible. Éprouver de la compassion pour les animaux serait absurde, faute de pouvoir un tant soit peu deviner ce qui se passe en eux. Mais, heureusement, la nature a opté pour le modèle économique. L'évolution a toujours procédé par transformation et modification de l'existant, comme dans un système informatique. De même que, sous Windows 10, certaines fonctionnalités de la version précédente restent actives, de même certains programmes génétiques de nos lointains ancêtres sont encore à l'œuvre en nous. Ainsi qu'en toute espèce descendant, des millions d'années plus tard, de cette lignée. Voilà pourquoi, selon moi, il n'y a pas deux sortes de peine, de douleur ou d'amour. Soutenir qu'un cochon ressent la même chose que nous peut certes sembler audacieux. Il y a pourtant fort à parier qu'une blessure est aussi douloureuse pour lui que pour nous. «Attention, s'écrieront peut-être certains scientifiques, cela reste à prouver!» C'est vrai, et l'on ne pourra jamais le faire. Mais que vous et moi ressentions la même chose n'est également qu'une hypothèse. Personne ne peut voir en autrui; personne ne peut prouver, par exemple, que sept milliards de terriens éprouvent la même chose quand on les pique avec une épingle. Mais les hommes mettent des mots sur ce qu'ils ressentent; des mots qui, quand on les compare, permettent de conclure à la forte probabilité de sensations communes à toute l'humanité.

Quand notre chienne Maxi engloutissait un plat entier de knödels dans la cuisine, son petit air innocent me disait qu'elle n'était pas juste instinctivement poussée à dévorer: elle avait pris un malin plaisir à chaparder. À force d'observation, j'ai découvert chez nos animaux de compagnie et leurs frères sauvages de la forêt des émotions prétendument réservées aux hommes. Et je ne suis pas le seul. De plus en plus de chercheurs s'aperçoivent que nombre d'espèces ont des points communs avec nous. Les corbeaux peuvent-ils vraiment s'aimer? C'est une certitude. Les écureuils savent-ils comment s'appellent leurs proches ? C'est documenté depuis longtemps. Partout on s'aime, on éprouve de la compassion, on profite de la vie. Il existe désormais nombre de travaux scientifiques sur le sujet, mais ils sont tellement pointus et austères qu'ils sont finalement peu lisibles et peu éclairants. Voilà pourquoi je me propose d'être votre interprète, de traduire pour vous en langage courant ces recherches passionnantes, d'assembler les pièces du puzzle pour en faire un tableau complet, le tout assaisonné d'anecdotes et d'observations personnelles. Sur la photographie du monde animal ainsi obtenue, les différentes espèces ne seraient plus d'insensibles robots biologiques, déterminés par leur code génétique, mais des âmes fidèles, d'adorables lutins. Et c'est ce qu'ils sont, de fait, comme vous le verrez en m'accompagnant dans mon district, en rencontrant nos chèvres, nos chevaux et nos lapins, ou encore en vous promenant dans les parcs et les forêts près de chez vous. Alors, on y va ?

Un amour maternel renversant

Il faisait très chaud, en ce jour de l'été 1996. Pour nous rafraîchir, ma femme et moi avions installé dans le jardin une petite piscine à l'ombre d'un arbre. Je m'étais assis dans l'eau avec mes deux enfants, et nous dégustions de juteuses tranches de pastèque. Tout à coup, je crus percevoir un mouvement. Une boule couleur de rouille faisait des bonds dans notre direction, entrecoupés de brèves pauses. « Un écureuil ! » s'exclamèrent les enfants. Mais la joie céda vite la place à une vive inquiétude car, au bout de quelques pas, l'écureuil bascula sur le côté. Il devait être malade et, quand il se fut encore un peu avancé, je distinguai une grosse tumeur dans son cou. Il s'agissait de toute évidence d'un animal souffrant, peut-être même très contagieux. Et il se dirigeait, lentement mais sûrement, vers notre piscine. Je m'apprêtai déjà à battre en retraite avec les enfants quand la scène prit un caractère attendrissant : ce que j'avais pris pour une tumeur était en réalité un bébé accroché au cou de sa mère, tel un col de fourrure. Celle-ci n'était donc pas loin d'étouffer et, avec la canicule, ses maigres inspirations ne lui permettaient de faire que quelques pas avant de chavirer d'épuisement, à bout de souffle.

Les mères écureuils prennent soin de leur progéniture jusqu'au sacrifice. En cas de danger, elles traînent leurs petits de cette façon pour les mettre en lieu sûr. Elles n'épargnent vraiment pas leur peine car, selon les portées, ce sont jusqu'à six bouts de chou qu'il leur faut ainsi transporter l'un après l'autre, cramponnés à leur cou. Malgré cette attention, le taux de survie des petits est faible puisque environ quatre-vingts pour cent d'entre eux n'atteignent pas l'âge de un an. Une seule nuit peut leur être fatale : alors que, de jour, ils sont capables d'échapper à la plupart des prédateurs, c'est durant leur sommeil que la mort frappe les lutins roux. La martre des pins se faufile entre les branches pour le surprendre au pays des songes. Le jour venu, c'est l'autour des palombes qui, d'un vol audacieux, fend l'air en quête d'un délicieux repas. S'il aperçoit un écureuil, c'est une spirale de peur qui s'amorce. Au vrai sens du terme. L'écureuil tente, en effet, d'échapper à l'oiseau en se cachant derrière le tronc. Le rapace s'efforce de suivre sa proie en amorçant une courbe serrée. L'écureuil esquive, tournant à toute vitesse autour du tronc, l'oiseau à ses trousses. Les deux animaux tourbillonnent ainsi en un mouvement de spirale fulgurant. Le plus agile des deux l'emporte, et c'est en général le petit mammifère.

L'hiver est toutefois bien plus dangereux que n'importe quel ennemi. Pour affronter la saison froide, les écureuils construisent des *hottes*, sortes de nids ronds installés dans les houppiers. Pour mieux s'enfuir en cas de visite surprise désagréable, les rongeurs ménagent deux sorties avec leurs pattes. L'ossature de la hotte est constituée d'une multitude de brindilles. L'intérieur du logement est capitonné de mousse moelleuse, qui sert à la fois d'isolant et de tapis confortable. Confortable ? Eh oui, les animaux aussi tiennent à être bien installés. Les écureuils n'apprécient pas plus que nous les branches qui leur font mal au dos quand ils dorment. Un matelas de mousse douillet est, en revanche, la garantie d'une bonne nuit de sommeil.

Par la fenêtre de mon bureau, je vois régulièrement les écureuils fouiller notre jardin pour en extraire des coussinets de verdure, qu'ils transportent dans les arbres. Et j'ai remarqué autre chose : dès que les glands et les faînes tombent à l'automne, les petits rongeurs ramassent ces graines nourrissantes pour les enterrer quelques mètres plus loin. Enfouies dans la terre, elles serviront de réserve pour l'hiver. Les écureuils, en effet, n'hibernent pas vraiment, mais hivernent, passant le plus clair de leurs journées à somnoler. Leur corps dépense alors moins d'énergie sans pour autant être mis au ralenti, comme celui du hérisson, par exemple. L'écureuil se réveille régulièrement et, comme en général il a faim, il descend de l'arbre en virevoltant le long du tronc pour, une fois au sol, chercher l'une de ses nombreuses cachettes. Il cherche, il cherche… C'est amusant de l'observer tenter de se souvenir. Il fouille un peu par-ci, creuse un peu par-là, s'assied un moment, comme pour réfléchir. Mais c'est trop difficile : le paysage a bien changé depuis l'automne ! Les arbres et les buissons ont perdu leurs feuilles, l'herbe est sèche et, pour ne rien arranger, la neige a souvent tout pris dans son manteau de ouate blanche. Face à cet écureuil, désespéré, qui poursuit sa quête, la pitié s'empare de moi. Car la nature sélectionne sans merci, et la plupart des étourdis, notamment les jeunes, nés dans l'année, mourront de faim sans même connaître le printemps. Il m'arrive de trouver, plus tard, dans les réserves de hêtres, de petites touffes en plein débourrement. Ces hêtres en bourgeons évoquent des papillons posés sur de frêles tiges, et, d'ordinaire, ils ne poussent pas en groupe. Ils ne forment ces touffes que là où l'écureuil a oublié ses faînes, les trois quarts du temps par simple étourderie – avec les conséquences fatales que l'on sait.

L'écureuil, par ailleurs, illustre bien notre façon de classer les animaux. Avec ses petits yeux noirs, ronds comme des billes, et son pelage roux (ou parfois brun foncé), si doux et si beau, il est tout mignon et n'est pas une menace pour nous. Ses réserves oubliées sous terre donneront vie à de jeunes arbres au printemps, ce qui fait de lui le semeur de forêts nouvelles. Bref, l'écureuil nous est sympathique, et nous fermons volontiers les yeux sur son mets préféré : l'oisillon. Car j'assiste aussi à cette chasse-là par la fenêtre de mon bureau, dans ma maison forestière. Quand, au printemps, un écureuil se met à grimper le long d'un vieux pin, la petite colonie de grives litornes qui y couvent est en émoi. Elles jacassent à qui mieux mieux en vol battu autour de l'arbre pour essayer de chasser l'intrus. L'écureuil est leur ennemi mortel, qui, froidement, s'empare des minuscules boules de duvet les unes après les autres. Même une cavité n'offre qu'une protection limitée puisque, avec ses pattes fines munies de longues griffes acérées, l'écureuil se saisit de la nichée qui s'est crue à l'abri dans l'arbre creux.

L'écureuil serait-il donc plus méchant qu'il n'est bon ? Il n'est ni l'un ni l'autre. Le hasard de la nature a voulu qu'il interpelle notre instinct protecteur, déclenchant en nous des émotions positives. Mais cela n'a rien à voir avec sa bonté ou son utilité. Et le revers de la médaille, le fait qu'il tue ces merveilleux oiseaux chanteurs, ne relève pas non plus de la méchanceté. Le rongeur doit lui aussi assouvir sa faim et nourrir ses petits, dépendants du fortifiant lait maternel. Si l'écureuil satisfaisait ses besoins en protéines en s'en prenant à la chenille de la piéride du chou, nous en serions ravis. Notre bilan émotionnel serait cent pour cent positif, puisque celle-ci est un vrai fléau des potagers. L'indésirable chenille est pourtant elle aussi un petit : celui d'un papillon, en l'occurrence. Et si le hasard a voulu qu'elle raffole des plantes que nous comptons manger, ce n'est pas pour cela que la mort de bébés papillons est un bienfait pour la nature.

L'écureuil n'a que faire de nos classements et de nos catégories. Tout ce qui l'intéresse, lui et son espèce, c'est de rester en vie – et surtout d'y prendre plaisir. Mais revenons à l'amour maternel chez notre lutin roux : peut-il vraiment éprouver un tel sentiment ? Un amour si fort qu'il fait passer sa vie au second plan, après celle de ses petits ? L'attention qu'il leur accorde n'est-elle pas simplement déclenchée par un afflux d'hormones ? La science tend, en effet, à ramener ces processus biologiques à des mécanismes conditionnés. Mais avant, nous aussi, de mettre dans ce même sac réducteur l'écureuil et tant d'autres espèces, penchons-nous sur l'amour maternel chez les êtres humains. Que se passe-t-il dans le corps des mères quand elles tiennent leur nourrisson dans leurs bras ? L'amour maternel est-il inné ? La science répond : oui et non. Cet amour n'est pas inné, seules sont innées les conditions de son développement. Peu avant la naissance, une hormone, appelée ocytocine, est sécrétée, favorisant un attachement fort. Sont également libérées de grandes quantités d'endorphines, à l'action antalgique et anxiolytique. Ce cocktail hormonal est encore présent dans le sang après la naissance, de telle sorte que le bébé est théoriquement accueilli par une mère parfaitement détendue et bien disposée. L'allaitement relance la production d'ocytocine, renforçant le lien mère-enfant. Il en va de même pour beaucoup d'espèces animales, notamment pour nos chèvres, qui vivent à côté de chez nous. Elles font connaissance avec leurs chevreaux en léchant le mucus qui les recouvre. Cela consolide le lien, tandis qu'aux bêlements de la chèvre répond un bref son aigu : un dialogue touchant, grâce auquel mère et petit mémorisent leurs voix respectives.

Mais attention, le mucus ne remplit pas toujours son office ! Quand une naissance s'annonce dans notre petit troupeau, la mère est placée dans un box à part, où elle est plus au calme. Or la porte de ces box ne va pas tout à fait jusqu'au sol et, un jour, un petit chevreau, tout juste sorti du ventre de sa mère, a glissé par l'ouverture. Avant que nous remarquions l'incident, un temps précieux s'était écoulé durant lequel le mucus avait séché. Résultat : nous avons eu beau faire, la chèvre n'accepta plus son chevreau, et l'amour maternel ne put s'éveiller. Ce genre de choses arrive aussi chez les humains : si des nourrissons sont longuement séparés de leur mère à la naissance, l'amour risque de ne pas être au rendez-vous. Dans une moindre mesure, certes, que chez les chèvres, puisque l'amour maternel s'apprend et que nous ne dépendons pas uniquement des hormones. Sinon l'adoption, qui suppose la rencontre de deux étrangers souvent des années après la naissance, serait impossible.

L'adoption est donc sans doute le test le plus probant pour vérifier si l'amour maternel peut s'apprendre et s'il n'est pas un simple réflexe instinctif. Mais avant d'approfondir cette question, j'aimerais insister sur l'importance des instincts.

L'instinct,
degré zéro du ressenti?

J'ENTENDS SOUVENT DIRE QUE COMPARER CE QUE ressentent les animaux et les hommes n'est pas pertinent puisque, paraît-il, les premiers agissent et sentent toujours d'instinct, alors que nous le faisons en conscience. Avant de nous demander si agir d'instinct est moins noble, tentons d'abord de définir les termes du débat. La littérature scientifique désigne par le terme d'«instinct» des actions qui ont lieu inconsciemment, c'est-à-dire sans être soumises à la pensée. Qu'ils soient inscrits dans les gènes ou acquis, les instincts déclenchent tous des actions très rapides, puisqu'ils contournent les processus cognitifs. Souvent, ce sont des hormones, sécrétées dans des situations particulières (sous l'effet de la colère, par exemple), qui induisent ces réactions physiques associées aux instincts. Les animaux sont-ils pour autant des robots biologiques, à commande automatique? N'en jugeons pas trop rapidement, et regardons plutôt ce qu'il en est chez les humains. Il nous arrive aussi, et même assez souvent, d'agir d'instinct. Songez, par exemple, à une plaque de cuisson brûlante. Si vous posez la main dessus par mégarde, vous la retirez aussitôt. Sans en passer par une réflexion consciente, du genre : « C'est drôle, on dirait que ça sent la viande grillée, et qu'est-ce que j'ai mal à la main tout à coup… Je ferais peut-être mieux de la retirer. » Non, tout se passe automatiquement, sans décision consciente. Les instincts existent donc aussi chez l'homme. Reste alors à savoir : à quel point déterminent-ils notre quotidien ?

Voyons si la recherche récente sur le cerveau peut nous éclairer. L'institut Max-Planck de Leipzig a publié en 2008 une étude surprenante. Grâce aux techniques d'imagerie, on a pu observer ce qu'il se passe dans le cerveau de sujets en train de prendre une décision (appuyer sur un bouton de la main gauche ou de la main droite). Jusqu'à sept secondes avant que les participants ne se décident consciemment, leur activité cérébrale montrait déjà clairement quel serait leur choix. L'action était, par conséquent, engagée alors que les sujets réfléchissaient encore. Ainsi, l'impulsion à agir échappait à la conscience, qui n'avait plus pour rôle que de la justifier quelques secondes plus tard.

Dans la mesure où l'étude de ces processus n'en est qu'à ses balbutiements, il est encore impossible de dire quels types de décisions, et en quelles proportions, fonctionnent sur ce modèle, ni si nous pouvons nous opposer à ces opérations non conscientes. Reste le constat étonnant que notre prétendu libre arbitre a souvent un train de retard sur la réalité. Il n'a, en l'occurrence, d'autre rôle que de ménager notre ego, de le conforter dans sa conviction d'être seul maître à bord[1].

Ainsi, dans bien des cas, c'est l'opposition, c'est-à-dire l'inconscient, qui gouverne. Quelle part de nos actions est commandée par la raison ? Peu importe, après tout, car nos réactions instinctives, plus nombreuses qu'on a tendance à le croire, montrent surtout une chose : la peur et le chagrin, le bonheur et la joie ne sont pas affectés par leur déclenchement instinctif ; ils ne se commandent pas, c'est tout. Mais l'intensité du ressenti n'en est pas amoindrie. Car il est évident aujourd'hui que les émotions sont un langage non conscient, dont les messages nous aident, au quotidien, à ne pas finir noyés sous un flot d'informations. La douleur ressentie par la main sur la plaque brûlante nous permet d'agir en urgence. Les sentiments heureux nous indiquent la bonne voie, la peur nous évite de laisser la raison prendre des décisions potentiellement dangereuses. Seuls les problèmes qui peuvent et doivent effectivement être traités par la réflexion atteignent la conscience, où ils peuvent être tranquillement analysés.

Le ressenti se situe donc fondamentalement hors du champ de la conscience. Si les animaux, donc, étaient dépourvus de conscience, cela impliquerait seulement qu'ils ne peuvent pas réfléchir. Chaque espèce dispose, en revanche, d'un inconscient, et comme celui-ci prend régulièrement les rênes, tout animal a forcément un ressenti. L'amour maternel instinctif ne saurait donc être « inférieur » – puisqu'il n'en existe pas d'autre. La seule différence entre les animaux et nous, c'est que nous pouvons activer consciemment l'amour maternel (ou d'autres sentiments) – en cas d'adoption, par exemple. Dans ce cas-là, en effet, le lien parent-enfant ne se noue pas automatiquement à la naissance, étant donné que le premier contact intervient souvent bien plus tard. Cela n'empêche pas qu'un amour maternel instinctif se développe au fil du temps, avec le cocktail hormonal qui l'accompagne.

Aurions-nous là enfin trouvé un îlot émotionnel propre aux hommes et inaccessible aux animaux ? Revenons à notre écureuil. Des chercheurs canadiens ont observé pendant plus de vingt ans ses congénères voisins du fleuve Yukon. Quelque sept mille animaux ont été étudiés et, bien que l'écureuil soit un solitaire, cinq adoptions ont été observées. Certes, il s'agissait toujours de petits écureuils de la famille, élevés par une autre mère que la leur. Seuls nièces, neveux et petits-enfants furent adoptés, ce qui montre que l'altruisme de l'écureuil a bel et bien ses limites. Du strict point de vue de l'évolution, le geste a ses avantages, puisqu'il permet de conserver et de transmettre un patrimoine génétique très proche[2]. Cinq cas en vingt ans sont loin néanmoins de constituer une preuve concluante quant à la disposition de l'écureuil à adopter. Tournons-nous donc vers d'autres espèces.

Qu'en est-il des chiens ? En 2012, la chienne Baby, un bouledogue français, a fait les gros titres des journaux. Elle vivait dans un refuge du Brandebourg, où débarquèrent un jour six marcassins. La laie avait sans doute été abattue par des chasseurs et, seuls, les bouts de chou à rayures n'auraient eu aucune chance de survie. Au refuge, ils reçurent du lait gras – et de l'amour. Le lait coulait des biberons des soigneurs, la chaleur et l'amour furent offerts par Baby. La chienne adopta en effet, sans plus de cérémonie, la petite troupe, qu'elle laissait dormir blottie contre elle la nuit. Et de jour, elle gardait un œil vigilant sur la marmaille[3]. Peut-on parler ici d'une véritable adoption ? Certes, les marcassins n'ont pas été allaités – mais les enfants adoptés ne le sont pas non plus. D'autres histoires, comme celle de la chienne cubaine Yeti, témoignent que c'est possible. Tous les chiots de celle-ci avaient été donnés sauf un, si bien qu'elle avait beaucoup trop de lait. Comme plusieurs truies de la ferme avaient des petits à ce moment-là, Yeti adopta sans hésiter quatorze porcelets, alors même que leurs mères étaient encore en vie. Les petits cochons suivaient leur nouvelle maman partout et furent effectivement allaités[4].

Était-ce là une forme consciente d'adoption ? Ou bien Yeti avait-elle simplement un trop-plein de sentiments maternels qu'elle reporta sur les porcelets ? Les mêmes questions pourraient se poser concernant l'adoption humaine, laquelle permet à des sentiments puissants, d'abord privés d'objet, de s'exprimer. Nous pourrions même comparer le fait pour des humains d'avoir des chiens ou d'autres animaux domestiques avec ces adoptions entre espèces animales différentes : bon nombre de compagnons à quatre pattes sont, en effet, accueillis dans nos foyers quasiment comme des membres de la famille.

Il existe d'autres cas encore, dans lesquels un afflux d'hormones ou un excès de lait ne peuvent être en cause. La corneille Moses en fournit un exemple émouvant. Quand les oiseaux perdent leur couvée, la nature offre un nouvel exutoire à leurs pulsions accumulées : ils peuvent tout recommencer à zéro et couver de nouveau. Une corneille telle que Moses n'avait donc aucune raison de materner d'autres animaux. Or il se trouve qu'elle est allée jeter son dévolu sur un ennemi potentiel, à savoir un chat domestique ! Certes, le chaton était encore bien petit et sans défense lorsqu'il fit son apparition dans le jardin d'Ann et Wally Collito : il avait perdu sa mère et était resté assez longtemps privé de nourriture. Le couple, qui habitait une petite maison à North Attleboro, dans l'État du Massachusetts, assista à un drôle de spectacle, quand au chaton se joignit une corneille, à l'évidence protectrice. L'oiseau entreprit de nourrir le petit orphelin avec des vers de terre et des scarabées. Les Collito ne restèrent évidemment pas sans rien faire, et donnèrent aussi à manger au chaton. L'amitié des deux animaux perdura une fois le félin devenu adulte, et jusqu'à la disparition de la corneille, cinq ans plus tard[5].

25

Mais revenons à la question des instincts. Que les sentiments maternels soient ou non le fruit d'une réflexion consciente, leur qualité, à mon sens, n'en est pas affectée. Ils sont ressentis exactement de la même manière dans les deux cas. Il est certain que ces deux formes d'amour se rencontrent chez l'homme, l'instinct maternel déclenché par les hormones étant certainement le plus fréquent. Quand bien même les animaux ne sauraient déclencher volontairement l'amour maternel (encore que les cas d'adoption de petits d'une autre espèce donnent matière à réflexion), ils en connaissent bel et bien la forme inconsciente, tout aussi belle et intense. L'écureuil qui portait son bébé enroulé autour du cou sur le gazon brûlant était mû par un amour profond, ce qui, rétrospectivement, rend la scène d'autant plus belle à mes yeux.

De l'amour
à l'égard de l'homme

LES ANIMAUX PEUVENT-ILS VRAIMENT NOUS AIMER ? NOUS avons déjà vu, avec l'exemple de l'écureuil, combien il est difficile de prouver l'existence d'un sentiment d'amour entre animaux d'une même espèce. Que dire alors d'un amour animal qui dépasserait la frontière des espèces pour se porter sur nous, les hommes ? On se demande, évidemment : n'est-ce pas là prendre nos désirs pour des réalités ? Comme une manière de nous déculpabiliser de maintenir en captivité nos animaux domestiques ?

Considérons tout d'abord l'amour envers la mère, une forme d'amour puissante, qu'il est possible de provoquer, comme j'en ai fait l'expérience adolescent.

À cette époque déjà, la nature et l'environnement étaient mes principaux centres d'intérêt et, dès que j'avais une minute, j'allais la passer en forêt ou au bord des lacs artificiels longeant le Rhin. J'imitais le coassement des grenouilles pour qu'elles me répondent, je mettais des araignées dans des bocaux pour les observer, j'élevais des vers dans de la farine pour les voir se transformer en scarabées noirs. Et le soir, je me plongeais dans des livres d'éthologie (je vous rassure : Karl May* et Jack London étaient aussi sur ma table de chevet). Ainsi ai-je appris que l'imprégnation d'un poussin pouvait aussi se faire avec un être humain. Il suffisait de couver un œuf et de lui « parler » juste avant l'éclosion, de manière à ce que le petit être à l'intérieur s'attache à la personne et non plus à la poule. Ensuite, le lien était censé durer toute la vie. Passionnant ! Mon père avait alors quelques poules et un coq dans le jardin, et j'eus donc facilement accès à des œufs fécondés. Comme je n'avais pas d'incubateur, un vieux coussin chauffant fit l'affaire. Mais, problème : les œufs de poule ont besoin d'une température de trente-huit degrés et doivent être retournés plusieurs fois par jour, ce qui les refroidit un peu. Je m'échinai donc à bricoler péniblement à l'aide d'une écharpe et d'un thermomètre ce qu'une mère poule sait faire à merveille naturellement. Pendant vingt et un jours, j'ai mesuré la température, enveloppé plus ou moins l'œuf dans l'écharpe, je l'ai retourné méticuleusement et, quelques jours avant la date prévue pour l'éclosion, j'ai commencé à soliloquer. Et c'est arrivé : le vingt et unième jour exactement, une petite boule de duvet s'est frayé de son bec un chemin vers la liberté. Je l'ai aussitôt baptisée Robin des bois.

Il était tellement mignon… C'était incroyable ! Ses plumes jaunes étaient parsemées de petits points, et il me fixait de ses yeux ronds et noirs. Il ne me quittait plus d'une semelle, et, si jamais il me perdait de vue, un pépiement d'angoisse se faisait aussitôt entendre. Que je sois aux toilettes, devant la télé ou dans ma chambre, Robin était toujours près de moi. Il n'y a que pour aller en classe qu'il me fallait, le cœur

---

* Auteur de romans d'aventures maintes fois adaptés au cinéma et à la télévision, Karl May (1842-1912) est l'un des écrivains allemands les plus populaires.

Toutes les notes de bas de page sont de la traductrice.

lourd, le laisser seul, ce qui me valait un accueil d'autant plus enthousiaste à mon retour. Ce lien étroit finit quand même par me fatiguer. Mon frère, qui le prit en pitié, me relayait parfois pour me permettre de souffler un peu, mais lui aussi finit par en avoir assez. Robin, qui entre-temps était devenu un jeune poulet, atterrit chez un ancien professeur d'anglais, qui aimait beaucoup les animaux. L'homme et le volatile se lièrent vite d'amitié, et on les vit longtemps encore se promener dans le village voisin : le professeur à pied, Robin sur son épaule.

Il semble évident que Robin a construit là une véritable relation. Toute personne amenée un jour à tenir lieu de mère à de jeunes animaux aurait des anecdotes du même genre à raconter. Les chevreaux que ma femme élève au biberon, par exemple, restent très affectueux envers elle toute leur vie. Voir un humain jouer le rôle de mère adoptive pour un animal est toujours émouvant. Mais ce lien n'est pas vraiment volontaire, du moins pour l'animal, même s'il est vital pour lui. Il serait bien plus beau que l'animal se joigne à nous et demeure à nos côtés de son plein gré. Mais est-ce possible ?

Pour répondre à cette question, nous devons quitter le champ de l'amour maternel et élargir notre recherche. Il faudrait, en effet, que l'animal soit adulte et donc en mesure de décider librement s'il se joint à nous ou s'il préfère rester indépendant. Ce n'est pas pour rien si nombre de chats et de chiens arrivent chez nous tout bébés : il n'est pas question de laisser les petits vauriens décider. N'y voyons rien de mal : après quelques jours d'acclimatation et un peu de chagrin d'avoir été séparés de leur mère, des petits de quelques semaines ont tôt fait de s'attacher à leur nouveau référent et, comme pour les chevreaux élevés au biberon, ces liens restent forts toute leur vie durant, et tout le monde est content. Mais la question demeure : des animaux adultes peuvent-ils, eux aussi, s'attacher à nous de leur plein gré ?

Pour les animaux domestiques, la réponse est clairement oui. Ce ne sont pas les exemples qui manquent de chats et de chiens errants qui s'imposent carrément à des bipèdes attentionnés. Mais, pour que la réponse soit probante, je préfère me tourner vers les animaux sauvages, que l'élevage n'a pas apprivoisés et disposés à s'attacher à l'homme. Écartons encore les situations où l'animal est amadoué à l'aide de nourriture. Car les animaux sauvages que l'on appâte en leur donnant à manger n'ont d'autre motivation que de se nourrir et ne font que tolérer notre présence après s'y être habitués. Nos anciens voisins l'ont appris à leurs dépens ! Pendant des semaines, ils ont attiré un écureuil avec des cacahuètes, si bien que le rongeur a fini par s'approcher jusqu'à la porte-fenêtre de leur terrasse. Ils étaient ravis de voir ce petit lutin déjà presque devenu un membre de la famille. Mais gare à eux si les graines n'étaient pas servies à l'heure ! L'écureuil se mettait alors à gratter d'impatience l'encadrement de la fenêtre, qu'il esquinta en quelques semaines de ses griffes acérées.

L'amitié envers des hommes est plus fréquente chez les animaux marins, les dauphins notamment – tel Fungie, véritable célébrité, qui vit dans la baie de Dingle, en Irlande. Il se montre souvent, accompagne les petits bateaux qui partent en excursion, exécute des cabrioles devant les touristes, qu'il attire comme des aimants, et figure en bonne place sur les brochures officielles. Les curieux qui sautent dans l'eau à sa rencontre n'ont aucun souci à se faire : le grand dauphin escorte gentiment les nageurs, pour leur plus grand plaisir. Sa familiarité n'a rien à voir avec la nourriture, qu'il rejette systématiquement.

Depuis plus de trente ans, la ville vit au rythme de sa mascotte. N'est-ce pas émouvant ? Pas pour tout le monde, apparemment, si l'on en croit la question posée par le journal *Die Welt* aux scientifiques : « L'animal n'est-il pas fou, tout simplement ? Cet original ne recherche-t-il pas la compagnie des hommes pour la seule raison qu'il est rejeté par ses congénères[6] ? »

Ce à quoi on pourrait objecter que nous aussi, nous nous lions parfois d'amitié avec un animal pour des motifs similaires : quand on se sent seul, par exemple après la perte de son conjoint. Mais j'aimerais, effectivement, poursuivre ma quête du côté des animaux terrestres de chez nous. Or ce n'est pas si simple… Car ce qui caractérise les animaux sauvages, c'est précisément d'être sauvages et peu enclins, donc, à se mêler aux hommes. Durant des dizaines de milliers d'années, l'homme a chassé les créatures qui partagent la terre avec lui. L'évolution les a donc rendus craintifs à notre égard : qui ne prend pas la fuite à temps se retrouve en danger de mort. C'est encore vrai aujourd'hui pour bien des espèces, comme nous le révèle la liste des animaux qu'il est permis de chasser. Qu'il s'agisse de grands mammifères comme le cerf, le chevreuil et le sanglier ; de petits quadrupèdes comme le renard et le lièvre ; ou même d'oiseaux, du corvidé à la bécasse en passant par l'oie et le canard : des milliers d'entre eux finissent chaque année criblés de plomb. Qu'ils nourrissent une certaine méfiance à l'égard des bipèdes que nous sommes n'est, dès lors, que trop compréhensible. Et voir une créature se résoudre, en dépit de cette suspicion, à chercher le contact avec nous n'en est que plus beau.

Quelle peut bien être sa motivation ? Laissons de côté les cas où elle est appâtée avec de la nourriture, car, nous l'avons dit, la crainte est alors peut-être juste réprimée par la faim. Il existe une autre force, de première importance pour nous aussi : la curiosité. Il nous a été donné, à ma femme Miriam et à moi-même, d'observer cette qualité chez des rennes. C'était en Laponie. Il est vrai que là-bas, les rennes ne sont pas complètement sauvages, puisque les autochtones, les Samis, sont propriétaires des troupeaux, qu'ils rassemblent à l'aide d'hélicoptères et de motos lorsqu'ils veulent trier les bêtes pour les abattre ou les marquer. Les rennes n'en ont pas moins gardé leur caractère d'animaux sauvages et se montrent généralement très craintifs à l'égard de l'homme. Nous campions en montagne dans le parc national de Sarek et, ce matin-là, je m'étais extirpé le premier de mon sac de couchage, en vrai lève-tôt que je suis. Je contemplai le tableau à couper le souffle offert par la nature intacte, quand je perçus soudain un mouvement à proximité. Un renne ! Un seul ? Non, d'autres descendaient la pente. Je réveillai Miriam pour qu'elle puisse, elle aussi, profiter du spectacle. Pendant le petit déjeuner, ils continuèrent d'affluer jusqu'à ce que le troupeau entier se rassemble. Quelque trois cents rennes restèrent ainsi toute la journée près de notre tente ; un faon osa même s'approcher à un mètre de nous, avant de s'allonger pour une petite sieste. On se serait crus au paradis.

Ces animaux étaient vraiment craintifs, par ailleurs : lorsqu'un petit groupe de randonneurs fit son apparition, le troupeau se retira pour revenir plus tard entourer notre tente. De toute évidence, certains individus s'intéressaient beaucoup à nous. Les yeux et les naseaux écarquillés, ils cherchaient à nous examiner, et ce fut pour nous le plus bel épisode du voyage. Pourquoi se sont-ils montrés si familiers avec nous ? Nous n'en savons rien. Peut-être que, à force de côtoyer tous les jours des animaux, nos mouvements s'apaisent, et nous font paraître plus inoffensifs ?

N'importe qui pourrait vivre pareil épisode là où les animaux ne sont pas chassés. Que ce soit dans les parcs nationaux africains, sur les îles Galápagos ou dans la toundra du Grand Nord : les espèces qui n'ont pas encore fait de mauvaises expériences avec nous se laissent approcher de très près. Et parfois, il y a dans le lot des individus que la curiosité pousse à venir voir quel drôle de visiteur s'aventure sur leur territoire. Ces rencontres-là, reposant des deux côtés sur une spontanéité absolue, sont un vrai bonheur.

L'existence d'un amour authentique, non contraint, d'un animal envers un homme, est difficile à prouver : même le poussin Robin des bois ne put faire autrement que de développer ce sentiment à mon égard. Et qu'en est-il dans l'autre sens ? Chaque propriétaire de chats, de chiens, de lapins, etc. confirmera que l'amour des animaux existe bel et bien chez l'homme. Mais de quelle nature est cet amour ? Les animaux ne servent-ils pas juste de substitut affectif en l'absence d'enfants, quand le conjoint est décédé ou que l'on souffre d'un manque d'attention ? Mieux vaut ne pas trop s'avancer sur ce terrain miné. Mais, pour revenir à ce que ressentent les animaux, une question se pose : quel est l'effet sur nos compagnons à quatre pattes de nos bons soins et de notre affection ? Pour commencer, elle « déforme » les animaux, au sens littéral du terme. Car l'élevage de chiens et de chats n'a plus pour but, depuis longtemps, dans la plupart des cas, d'en faire de précieux auxiliaires de chasse (au lièvre, au chevreuil… ou à la souris). Leur caractère et leur apparence sont plutôt adaptés à notre besoin de câliner et d'aimer. Le bouledogue français est un bon exemple. Avant, je le trouvais moche et considérais comme un handicap* son museau aplati à la peau plissée, qui le fait ronfler. Et puis j'ai fait la connaissance de Crusty, un mâle gris-bleu, qui nous est confié de temps en temps. Il a immédiatement gagné mon cœur, et la manière dont il avait été élevé me fut

---

* En Allemagne, des campagnes d'information, émanant notamment d'instances vétérinaires, visent à faire en sorte que ne soient plus élevés d'animaux de compagnie dont les caractéristiques physiques extrêmes entraînent souffrance et handicap (respiratoire, moteur ou autre).

aussitôt complètement indifférente : il était juste tellement mignon ! Alors que les autres chiens se lassent des caresses au bout de cinq minutes, Crusty se laisserait faire pendant des heures. Si vous vous arrêtez, il vous donne un petit coup de nez pressant sur la main tout en levant vers vous ses grands yeux. Son lit préféré, c'est le ventre de son maître, sur lequel il ronfle d'aise.

Est-ce que cela pose vraiment problème ? Évidemment, l'élevage a transformé les chiens de cette race en petits animaux de compagnie, presque en peluches vivantes. Est-ce légitime ? Ce n'est pas à moi d'en juger. Ce qui compte avant tout, c'est le bien-être du chien. S'il a un besoin d'affection accru par l'élevage et une apparence telle que tout le monde (je dis bien tout le monde !) a immédiatement envie de satisfaire ce besoin, où est le problème pour le chien ? Manifestement, il se sent bien ; le chien et l'homme sont comblés. Seule la raison de ce besoin, à savoir la modification génétique induite par l'élevage, laisse un léger goût amer.

Quand les besoins des animaux, qu'ils soient naturels ou produits par l'élevage, ne sont pas pris en compte, c'est différent. Quand, par exemple, l'amour rend à ce point aveugle que l'animal est traité comme un homme déguisé en chien. Il peut alors arriver que l'excès de nourriture, le manque d'espace pour se dépenser et de stimulations atmosphériques (de promenades dans la neige, par exemple) entraînent de graves problèmes de santé, qui font souffrir à mort les chiens trop chouchoutés.

Y a-t-il de la lumière là-haut ?

AVANT D'EXPLORER PLUS AVANT CE QUE LES ANIMAUX ressentent et ce qui les anime, une question mérite d'être à nouveau posée : tout cela n'est-il pas tiré par les cheveux ? Car parler de ressenti suppose l'existence de certaines structures cérébrales – du moins à en croire l'état actuel de la science : chez l'homme, c'est le système limbique qui permet de vivre toute la palette du ressenti, qu'il s'agisse de la joie, du chagrin, de la peur ou du plaisir, et rend possible, avec d'autres zones du cerveau, les réactions corporelles correspondantes[7]. Ces structures cérébrales remontent très loin dans l'histoire de l'évolution, si bien que nous les avons en commun avec nombre de mammifères : les chèvres, les chiens, les chevaux, les vaches, les cochons... : la liste est longue. Et, d'après la recherche, elle comprend non seulement des mammifères, mais aussi des oiseaux et même des poissons, qui, selon la classification des biologistes, sont pourtant d'un niveau bien inférieur dans l'évolution.

Concernant ces animaux aquatiques, les recherches sur la douleur ont permis d'approcher le champ des émotions. Une question a servi de déclencheur : les poissons peuvent-ils sentir les blessures causées par l'hameçon quand on les pêche ? Ce qui est peut-être une évidence pour vous fut longtemps considéré comme invraisemblable. Quand on voit des chalutiers remontant des filets pleins à craquer d'habitants des mers en train de mourir à petit feu, quand on voit des truites frétiller au bout de la canne des amateurs de pêche sportive, on se demande, compte tenu du débat actuel sur la protection animale, comment la société peut tolérer de telles pratiques. Sans doute n'y a-t-il là-derrière aucune malveillance, mais plutôt la croyance erronée selon laquelle les poissons seraient des créatures stupides allant au hasard des rivières et des mers sans jamais rien sentir.

Victoria Braithwaite, professeure à l'université d'État de Pennsylvanie, a pourtant découvert tout autre chose. Il y a des années, elle avait déjà localisé une vingtaine de récepteurs de la douleur au niveau de la gueule, précisément là où l'hameçon se fiche[8]. Mais cela ne prouvait qu'une chose : qu'il n'est pas impossible que le poisson ressente la douleur. La chercheuse a donc stimulé ces zones en y donnant des coups d'épingle, déclenchant des réactions dans le télencéphale, là où sont traités – comme chez nous – les stimuli douloureux. Il est donc à peu près prouvé que les blessures font souffrir les poissons.

Mais qu'en est-il des émotions ? De la peur, par exemple ? Chez l'homme, elle naît dans la zone du cerveau appelée l'amygdale. On le sait depuis peu, même si on le supposait depuis longtemps. Ce n'est qu'en janvier 2011 que des chercheurs de l'université de l'Iowa publièrent leurs conclusions sur le cas d'une patiente, qu'ils nommèrent SM. Cette femme avait peur des araignées et des serpents – jusqu'au jour où, à cause d'une maladie rare, des cellules de son amygdale furent détruites. C'était fort triste, évidemment, pour SM, mais, pour les scientifiques, c'était une occasion unique d'examiner les effets provoqués par la défaillance de cet organe. Ils accompagnèrent SM dans une animalerie, où elle fut confrontée aux objets de sa peur. À l'inverse de sa réaction habituelle, la femme put toucher les animaux et ne ressentit, selon ses propres dires, que de la curiosité, sans la moindre peur[9]. C'est ainsi que le siège de la peur put être localisé de manière irréfutable chez l'homme. Mais qu'en est-il chez les poissons ?

Manuel Portavella Garcia et son équipe de l'université de Séville ont trouvé des structures comparables dans leurs aires cérébrales externes (chez nous, le « centre de la peur » se trouve tout en bas, à l'intérieur du cerveau) – là où personne n'avait encore cherché. Ils ont exercé des poissons rouges à quitter précipitamment un coin de leur aquarium dès qu'une lampe verte s'allumait. S'ils ne le faisaient pas, ils recevaient une décharge électrique. Puis les chercheurs ont paralysé chez les poissons une partie du cerveau, le télencéphale. Celui-ci a, comme notre amygdale, la fonction de « centre de la peur », et sa mise hors circuit eut le même effet que chez l'homme : les poissons rouges ignorèrent la lumière verte et cessèrent d'avoir peur. Les chercheurs en conclurent que les poissons et les vertébrés terrestres ont reçu en héritage les mêmes structures cérébrales de leurs ancêtres communs – lesquels vivaient tout de même il y a quatre cents millions d'années[10] !

Le hardware du ressenti existe donc depuis belle lurette chez les vertébrés. Mais est-ce pour autant qu'ils ressentent la même chose que nous, ou presque ? Bien des éléments l'indiquent. Nous savons même de façon sûre que les poissons sécrètent de l'ocytocine, une hormone qui, chez nous, renforce non seulement le bonheur maternel, mais aussi l'amour à l'égard d'un partenaire. Est-il possible que les poissons aiment et soient heureux ? Même si nous ne pouvons le prouver, du moins dans l'immédiat, pourquoi, dans le doute, toujours soutenir des hypothèses négatives ? La science persiste à nier les sensations animales jusqu'à ce qu'il ne soit plus possible de faire autrement. Ne vaudrait-il pas mieux, par principe de précaution, partir de l'hypothèse inverse afin de ne pas infliger de souffrances inutiles aux animaux ?

Dans les chapitres précédents, j'ai décrit à dessein les émotions et les sensations telles que nous, humains, les éprouvons. Car c'est le seul moyen pour commencer à comprendre ce qui se passe dans la tête des animaux. Même si leurs structures cérébrales diffèrent des nôtres, entraînant sans doute un vécu différent, cela ne signifie pas pour autant qu'il leur soit fondamentalement impossible de ressentir. Simplement, pour certaines espèces, il nous est plus difficile de l'imaginer. C'est le cas, par exemple, pour la mouche du vinaigre, dont le système nerveux central, avec ses deux cent cinquante mille cellules, est quatre cent mille fois plus petit que le nôtre. De si minuscules créatures, aux capacités si réduites, peuvent-elles vraiment ressentir quoi que ce soit – *a fortiori* posséder une conscience ? Ce dernier point serait tout à fait passionnant à étudier, mais la science n'est, hélas, pas encore en mesure d'apporter une réponse définitive à cette question, et ce notamment parce que le terme de « conscience » est mal défini. Il renvoie *grosso modo* à la pensée, à la réflexion sur ce que l'on vit ou lit. En ce moment, par exemple, vous réfléchissez à ce texte, donc vous avez une conscience. Or, chez la mouche du vinaigre, avec son tout petit cerveau, les conditions nécessaires au développement d'une conscience ont bien été observées. D'innombrables stimuli environnementaux affluent à tout instant sur la petite créature, comme sur nous. Le parfum d'une rose, les gaz d'échappement, la lumière du soleil, un souffle de vent : tout est enregistré par ses cellules nerveuses, qui ne sont pas coordonnées les unes avec les autres. Mais comment la mouche fait-elle pour sélectionner l'essentiel dans ce flot, pour qu'aucun danger, aucune succulente bouchée ne lui échappe ? Son cerveau traite les informations et veille à ce que les différentes aires synchronisent leurs activités, renforçant ainsi certains stimuli au détriment des autres. Ce qui est intéressant se détache des milliers d'impressions ambiantes. La mouche est donc capable – tout comme nous – de diriger son attention sur certaines choses en particulier.

Comme le minuscule insecte se déplace à la vitesse de l'éclair, une multitude d'images fusent chaque seconde vers ses yeux aux quelque six cents facettes. Une telle quantité d'informations paraît presque ingérable, et pourtant, c'est une question de survie pour la mouche : tout ce qui bouge pourrait être un ennemi affamé. Le cerveau de la mouche laisse donc les images fixes se brouiller et ne fait la netteté que sur les objets qui bougent. On pourrait dire, en somme, qu'elle se « concentre sur l'essentiel » – une faculté dont nous n'aurions sûrement pas cru capable une si petite créature. Nous faisons de même, d'ailleurs : notre cerveau ne laisse pas accéder à notre conscience toutes les images que voient nos yeux, mais seulement celles qui ont une importance pour nous.

Les mouches ont-elles pour autant une conscience ? Les scientifiques se gardent de l'affirmer, mais leur capacité à diriger activement leur attention peut, en tout cas, être considérée comme certaine[11].

Revenons aux structures cérébrales des différentes espèces. Même les vertébrés inférieurs disposent des organes de base, mais, pour ressentir aussi bien que nous, il en faut davantage. On lit un peu partout qu'il faut un système nerveux central tel que le nôtre pour que surviennent des émotions intenses et conscientes, l'accent étant mis sur *conscientes.* Les sillons de notre organe de la pensée délimitent, dans sa couche supérieure, le néocortex, la partie du cerveau la plus récente dans l'histoire de l'évolution. C'est le siège de la perception et de la conscience, c'est là que se forme la pensée. Or, chez l'homme, cette zone est plus développée que chez les autres espèces. Autant dire que le sommet de la création se trouve sous notre calotte crânienne. Il est donc logique, n'est-ce pas, que les autres créatures de cette planète ressentent moins les émotions et ne soient pas aussi intelligentes que nous ? C'est ainsi que Robert Arlinghaus, titulaire de la première chaire de pêche à l'université Humboldt de Berlin, affirme, dans une interview au *Spiegel,* que les poissons souffrent à peine des blessures causées par l'hameçon, puisque, faute de néocortex, ils ne peuvent ressentir consciemment[12]. Outre que d'autres chercheurs disent le contraire (voir ci-dessus, page 36), ces propos tiennent davantage de la défense partisane d'un hobby que d'une appréciation scientifique objective.

Les gourmets n'argumentent pas autrement chaque année, à la période de Noël, quand il s'agit de régaler ses invités de délicieux crustacés[13]. Par exemple, de homard, un mets de luxe servi sur un plateau après avoir été cuit *vivant* jusqu'à virer au rouge vif. Alors que les vertébrés doivent être tués avant d'être préparés, il est permis de jeter à même la marmite d'eau bouillonnante des crustacés à peine étourdis. Plusieurs minutes peuvent s'écouler avant que la chaleur, pénétrant l'intérieur du corps, ne détruise les sensibles ganglions nerveux. Vous avez dit douleur ? Comment ça ? Sans colonne vertébrale, les crustacés ne peuvent pas souffrir. C'est du moins ce que l'on prétend. La structure de leur système nerveux étant différente de celle des espèces dotées d'un squelette, la douleur est encore plus difficile à prouver chez eux que chez ces dernières. Ceux qui, parmi les scientifiques, soutiennent l'industrie alimentaire affirment que les réactions de ces animaux ne sont que des réflexes.

Le professeur Robert Elwood, de l'université de Belfast, leur rétorque : « Contester que les crustacés puissent ressentir de la douleur au seul motif qu'ils n'ont pas la même anatomie que nous, c'est comme prétendre qu'ils ne peuvent rien voir faute de cortex visuel (l'une des aires cérébrales chez l'homme)[14]. » De plus, agir par réflexe n'interdit pas la douleur, comme chacun peut en faire l'expérience au contact d'une clôture électrique : si vous posez la main dessus et que vous prenez le jus, vous êtes obligé de la retirer en une fraction de seconde, que vous le vouliez ou non. C'est un pur réflexe, qui intervient sans la moindre réflexion, ce qui n'empêche pas la décharge électrique de faire très mal.

Est-ce vraiment la prérogative de l'homme de ressentir intensément et, éventuellement, consciemment ? L'évolution n'est pas aussi déséquilibrée que nous le pensons (l'espérons ?) parfois. Les oiseaux, dont le cerveau peut être minuscule, nous montrent qu'il existe d'autres voies menant à l'intelligence. Car, depuis l'époque des dinosaures – que l'on considère comme leurs ancêtres –, leur évolution prend une direction différente de la nôtre. Sans néocortex, ils sont capables d'accomplir des prouesses mentales que je décrirai plus tard. Une zone de leur cerveau, appelée crête dorso-ventriculaire (DVR, pour *dorsal ventricular ridge*), assume des tâches et des fonctions semblables à celles dont se charge notre cortex cérébral. Tandis que le néocortex humain présente une structure par couches, son pendant chez l'oiseau se compose de petits blocs, ce qui a longtemps nourri le doute quant à leurs capacités[15]. Or, on sait aujourd'hui que le corbeau et d'autres espèces vivant en société ont les facultés mentales de primates – quand ils ne les dépassent pas. Voilà une nouvelle preuve que, face à l'incertitude, la science est

41

trop prudente sur la question du ressenti des animaux, auxquels elle conteste également nombre de capacités mentales jusqu'à preuve indiscutable du contraire. Ne pourrions-nous pas faire l'inverse, et reconnaître simplement (et tout aussi justement) que nous ne savons pas ?

Avant de clore ce chapitre, j'aimerais vous présenter une dernière créature de nos forêts, qui n'a pas de tête, au sens premier du terme. Vous la trouverez parfois sur du bois en décomposition, où elle forme un petit tapis ondulé de couleur jaune : c'est un champignon. Attendez… Ce livre n'est-il pas censé traiter des animaux ? Si, mais le fait est que l'on ne sait pas trop dans quelle catégorie ranger ce champignon. Les champignons en général, qui ne sont ni des animaux ni des plantes, mais forment un troisième règne, sont de toute façon difficilement classables. Comme les animaux, les champignons se nourrissent de la substance organique d'autres êtres vivants. De plus, leurs parois cellulaires se composent de chitine, comme l'enveloppe externe des insectes. Et les myxomycètes, qui forment le fameux tapis jaune sur le bois mort, peuvent même se déplacer ! Telles des méduses gélatineuses, ces créatures sont capables de s'échapper la nuit des bocaux dans lesquels elles sont conservées. Ce pourquoi les biologistes les ont finalement exclue du règne des champignons pour les rapprocher des animaux. Alors, bienvenue dans ce livre !

Certaines espèces de myxomycètes intriguent tellement les chercheurs qu'elles sont régulièrement étudiées en laboratoire. *Physarum polycephalum* – c'est son nom à rallonge en latin* – est l'une d'elles, et adore les flocons d'avoine ! Cette créature n'est en réalité qu'une unique cellule géante aux noyaux innombrables, qui a donné lieu à cette expérience

---

* Cette espèce est plus connue sous le surnom de « blob ».

connue : placé par des chercheurs dans un labyrinthe à deux issues, avec de la nourriture à l'une des extrémités en guise d'appât, le myxomycète s'étale dans les galeries et finit par trouver la bonne sortie au bout d'une centaine d'heures. Il utilise, semble-t-il, sa propre trace visqueuse pour savoir où il est déjà passé en vain et éviter les zones en question. Cette faculté naturelle a une utilité évidente : la créature sait de cette façon où elle a déjà cherché de la nourriture et où elle n'en trouvera plus. Se dépatouiller sans cerveau dans un labyrinthe, il faut déjà le faire, si bien que les scientifiques reconnaissent quand même à cette créature raplapla une forme de mémoire spatiale[16]. La palme revient à des chercheurs japonais, qui ont construit un labyrinthe reproduisant les grandes artères de la ville de Tokyo. Les principaux quartiers et les sorties étaient signalés par de la nourriture. Le myxomycète placé à l'intérieur se mit en route et, quand il eut parfaitement relié entre elles les sorties par le chemin le plus court, la surprise fut de taille : le tracé correspondait pour l'essentiel au réseau ferroviaire de la mégalopole[17].

Le cas des myxomycètes me plaît beaucoup, car il montre qu'il en faut bien peu pour renverser l'idée solidement ancrée d'une nature primitive où évolueraient des animaux bêtes et insensibles. Car les structures décrites précédemment font complètement défaut à ces étranges créatures. Si des espèces unicellulaires ont déjà une mémoire spatiale et sont capables de venir à bout de tâches aussi complexes, combien de facultés et de ressentis insoupçonnés peuvent bien cacher des animaux ne possédant ne serait-ce que deux cent cinquante mille cellules cérébrales, comme la mouche du vinaigre, dont nous avons fait la connaissance ? Dès lors, on ne s'étonnera plus que des oiseaux et des mammifères, bien plus proches de l'homme en matière de structure corporelle et cérébrale, possèdent la même palette de ressentis que nous.

Quel cochon!

LE COCHON DOMESTIQUE DESCEND DU SANGLIER, APPRÉCIÉ depuis toujours par nos ancêtres pour sa viande. Pour avoir le délicieux animal à portée de main sans courir les dangers de la chasse, ils l'apprivoisèrent il y a quelque dix mille ans et l'élevèrent afin de satisfaire mieux encore leurs exigences. Il n'en a pas moins conservé son répertoire comportemental – et surtout son intelligence. Voyons d'abord de quoi est capable l'espèce sauvage. Les sangliers reconnaissent parfaitement les membres de leur famille, même très éloignés. Des chercheurs de l'université de Dresde s'en sont aperçus indirectement en étudiant les domaines vitaux* des hardes, aussi appelées compagnies. Cent cinquante-deux sangliers ont été pris au piège ou anesthésiés à l'aide d'un fusil hypodermique avant d'être équipés d'un émetteur puis relâchés. Il fut alors possible d'observer leurs allées et venues nocturnes. Normalement, les territoires de compagnies

* À la différence du *territoire*, défendu par l'animal, le *domaine vital* est simplement un espace qu'il visite régulièrement. Source: Klaus Immelmann, *Dictionnaire de l'éthologie*, Pierre Mardaga, éditeur, 1990.

voisines se recoupent peu. Ces zones ne font en moyenne que quatre à cinq kilomètres carrés et sont donc bien plus petites qu'on ne le supposait jusque-là. Les frontières sont marquées par des arbres contre lesquels les sangliers se frottent après un bain de boue, laissant au passage leurs marques odorantes. Ces frontières sont toutefois floues en l'absence d'un marquage continu, et il n'est donc pas étonnant que, de temps à autre, des étrangers mordent ces lignes. Les rencontres avec des congénères étrangers donnent régulièrement lieu à de violents conflits, que les sangliers préfèrent éviter. Du coup, il est plutôt rare que des hardes non apparentées violent les frontières. Si, en revanche, des compagnies parentes ont des territoires contigus, jusqu'à cinquante pour cent de ces derniers peuvent alors se superposer. On se montre visiblement plus amical avec des parents, même éloignés, qu'avec des étrangers, et surtout : on sait à l'évidence les distinguer ! Les marcassins de l'année précédente, appelés « bêtes noires », ne sont chassés du groupe que lorsque la génération suivante est sur le point d'arriver : la laie n'a plus le temps de s'occuper des jeunes aînés, déjà très autonomes. Ces derniers forment alors une nouvelle compagnie pour continuer à vivre en communauté. Les sangliers ont la fibre sociale et aiment s'entraider pour la toilette ou se coucher blottis les uns contre les autres. Si, plus tard dans l'année, une compagnie de bêtes noires vient à rencontrer son ancienne tribu accompagnée de nouveaux marcassins, tous se montrent très pacifiques. On se reconnaît et l'on s'aime toujours.

Je me suis bien souvent demandé, à propos des animaux domestiques, si des chèvres ou des lapins étaient encore en mesure d'identifier comme membres de leur famille leurs petits devenus adultes vivant au sein du groupe. Je pense désormais pouvoir répondre par un oui catégorique à cette question, sur la base de mes propres observations. À une condition : que les animaux n'aient pas été séparés. Au-delà d'un certain nombre de jours passés dans des enclos différents, ils se traitent par la suite comme des étrangers. Peut-être leur mémoire à long terme n'est-elle pas conçue pour retenir la parenté ? Chez les sangliers, en tout cas, et sans doute aussi chez les cochons domestiques, il en va à l'évidence autrement, puisqu'ils se souviennent longtemps qui est des leurs. Cette faculté, toutefois, n'est guère utile aux cochons, qui, malheureusement, sont élevés par groupes d'âge après avoir été séparés de leurs parents et atteignent rarement l'âge de un an.

Comme tout le monde le sait désormais, les cochons sont des animaux extrêmement propres. Ils préfèrent utiliser des sortes de toilettes, toujours dans le même coin, pour y déposer petite ou grosse commission. Ces toilettes ne se trouvent jamais dans leur litière : qui aimerait dormir dans un lit qui empeste ? Cela vaut aussi bien pour le sanglier que pour le cochon ; imaginez, alors, combien ces derniers se sentent mal dans ces élevages intensifs que l'on voit parfois, tout crottés et tassés dans des box minuscules (un mètre carré par animal) !

Les sangliers adaptent aussi leur couchage à la météo et à la saison. Ils préfèrent dormir toujours au même endroit, qu'ils choisissent soigneusement. Mais quand le vent tourne et que la pluie crépite sur leur repaire, les animaux en changent, optant alors pour un peuplement forestier, protégé du vent et relativement sec. L'été, le sol nu de la forêt suffit en guise de matelas, car de toute façon les sangliers ont souvent trop chaud. L'hiver, au contraire, le repos nocturne est minutieusement préparé. Un petit coin confortable dans un épais roncier à l'abri du vent, accessible par deux ou trois entrées en forme de tunnel : voilà l'idéal. Les sangliers y accumulent des herbes sèches, du feuillage, de la mousse, entres autres matériaux de rembourrage, qu'ils superposent avec soin pour se faire une couche douillette.

J'ai dit repos *nocturne* ? Même s'ils aimeraient sûrement dormir à l'heure où nous rêvons dans nos lits, ils ont changé de rythme, finauds qu'ils sont. Les chasseurs, en effet, abattent tous les ans jusqu'à six cent cinquante mille sangliers[18], et ont pour cela besoin d'y voir clair. Afin d'échapper à leurs poursuivants, les sangliers se déplacent dans l'obscurité. Cela devrait suffire à les protéger, puisqu'il est interdit de tirer des animaux la nuit. En principe. Car les sangliers font exception, du fait de leurs effectifs pléthoriques, que l'on cherche à contenir. Comme les jumelles de vision nocturne continuent d'être interdites, les chasseurs et chasseuses doivent attendre la pleine lune et le beau temps, conditions dans lesquelles, du moins dans une clairière, on voit un peu plus qu'une vague silhouette. Les sangliers sont attirés au moyen de petites rations de grains de maïs, dont ils raffolent. Objectif : les surprendre et tirer le coup mortel quand ils sont en train de manger. Mais on ne se joue pas aussi facilement des rusés sangliers, qui ont alors beau jeu de décaler leurs activités en deuxième partie de nuit. L'industrie de la chasse, qui ne manque pas de ressource, propose des horloges à gibier, qui s'arrêtent quand elles tombent. Placées au milieu des grains de maïs, elles enregistrent l'heure à laquelle les cochons sauvages viennent manger. Il ne reste plus au chasseur qu'à venir s'asseoir dans son mirador à cette heure-là. Il n'attendra pas longtemps avant de voir sa proie apparaître.

Mais, au bout du compte, les sangliers semblent quand même avoir gagné la partie : ils utilisent les appâts comme aliments de base et se reproduisent tellement, malgré la chasse, que l'on reconnaît à peu près partout avoir échoué à réduire les effectifs.

Si la recherche sur les cochons donne parfois lieu à des histoires touchantes, c'est parce que différentes facultés s'intéressent aux moyens d'améliorer l'élevage intensif. Le professeur Johannes Baumgartner, de la faculté de médecine vétérinaire de Vienne, à qui le quotidien *Die Welt* demandait si, parmi les cochons observés, l'un d'eux l'avait marqué, évoqua ainsi une vieille truie. Elle avait, au cours de sa vie, mis au monde cent soixante porcelets auxquels elle avait appris à se fabriquer un nid de paille. Une fois devenue vieille, elle se fit sage-femme et aida ses filles désormais adultes à se préparer à mettre bas[19].

Si l'intelligence des cochons est aussi reconnue scientifiquement, pourquoi cette image d'animaux malins ne s'impose-t-elle pas auprès du grand public ? C'est sans doute lié à la consommation de viande de porc. Si chacun comprenait quelle créature est là, dans son assiette, il en perdrait sûrement l'appétit. C'est déjà le cas avec les primates : qui, parmi nous, aurait l'idée de manger du singe ?

De la gratitude

QU'IL SOIT LE FRUIT DES CIRCONSTANCES OU LE REFLET DE nos désirs, qu'il soit spontané ou pas, l'amour des animaux pour les hommes semble un fait établi (la réciproque, bien sûr, est tout aussi vraie et non moins vive). De là au sentiment de gratitude, il n'y a qu'un pas, qu'à mon avis les animaux peuvent certainement franchir. Les propriétaires de chiens au passé mouvementé ayant rejoint leur foyer tardivement le confirmeront.

Notre cocker anglais Barry avait déjà 9 ans quand il est arrivé chez nous. À vrai dire, après la mort de notre chienne Maxi, un épagneul de Münster, nous ne voulions plus de chien. Du moins, en principe. Pour Miriam, ma femme, l'accueil d'un petit nouveau était exclu, mais notre fille tenta de nous convaincre du contraire. Elle n'eut guère à insister auprès de moi, car je ne m'imaginais pas vivre sans chien. Aussi, en nous rendant au marché d'automne d'un fournisseur de produits agricoles de la région, avions-nous tous deux une idée derrière la tête. Le refuge d'Euskirchen devait y présenter ses pensionnaires et leur trouver, si possible, une famille d'adoption. Mais ils n'avaient apporté que des lapins ; or nous en avions déjà à la maison. Quelle déception! Tout ça pour ça! Nous étions restés là toute la journée, avions tourné, tourné encore dans les allées, erré de stand en stand, et finalement: pas de chiens! Puis, à la dernière minute, on annonça qu'un futur pensionnaire du refuge allait être présenté par son ancien propriétaire, qui devait entrer bientôt en maison de retraite. C'était Barry. Nos cœurs se mirent à battre plus vite. Ce mâle, nous dit-on, était très sociable, supportait bien les trajets en voiture, et il était même castré. Parfait! Nous avons immédiatement sauté de notre banc pour aller à sa rencontre. Une petite promenade d'essai, une poignée de main pour convenir d'un test de trois jours avec le chien, et nous voilà partis tous les trois en voiture, direction la maison.

Les trois jours d'essai étaient importants, car Miriam ne se doutait encore de rien. Elle rentra tard d'un rendez-vous, ce soir-là, et était en train de quitter sa veste quand ma fille lui dit: «Tu n'as rien remarqué?» Ma femme regarda autour d'elle et secoua la tête. «À tes pieds!» l'incitai-je à mon tour. À l'instant même, c'en était fait. Barry leva les yeux en remuant la queue, et ma femme lui fit une place dans son cœur pour le restant de ses jours. Le chien lui en sut gré: son odyssée prenait fin. Sa première maîtresse, atteinte de démence, avait dû s'en séparer, et il avait ensuite connu deux familles successives avant d'atterrir chez nous. Barry resta, certes, sur ses gardes toute sa vie, craignant un nouveau changement, mais, à part ça, il était la gaieté et la gentillesse mêmes. Était-il tout simplement reconnaissant?

Comment repérer la gratitude; comment, pour commencer, la définir – ce qui est presque aussi compliqué? Sur Internet, où j'ai tenté de débroussailler le terrain, on ne trouve rien de bien concret, mais la controverse ne manque pas. Certains amis des animaux conçoivent la gratitude comme un dû en échange des bons soins prodigués. Ce n'est pas cette forme de gratitude que je recherche chez un animal, car il s'agit là d'une expression de la servilité plutôt nauséabonde. Plus fondamentalement, et appliquée à l'humain, la gratitude est souvent définie comme une émotion positive suscitée par un événement réjouissant dû à quelque chose ou à quelqu'un d'autre. Pour être reconnaissant, il faut donc être en mesure de s'apercevoir qu'autrui vous a fait du bien. Pour le philosophe romain Cicéron, la gratitude est la plus grande des vertus, et les chiens en sont capables. C'est ensuite que l'affaire se corse : comment savoir si un animal distingue qui ou ce qui est à l'origine d'un événement heureux ? À la différence de la joie proprement dite (qu'on ne peut ignorer chez un chien), la gratitude suppose en outre de saisir la cause de ce ressenti – une prise de conscience assez facile à observer chez les animaux. Prenons l'exemple de la nourriture. L'animal se réjouit d'avoir à manger et sait très bien qui a rempli sa gamelle. Les chiens viennent même réclamer du rab à leurs maîtres. Mais s'agit-il vraiment de gratitude, dans ce cas-là ? On pourrait croire, tout aussi bien, que le chien quémande, voilà tout. La vraie gratitude n'est-elle pas aussi une attitude, une posture plus générale à l'égard de la vie ? Consistant à se réjouir des petits plaisirs quotidiens sans désirer constamment autre chose ? Vue sous cet angle, la gratitude est une forme de bonheur mêlé de satisfaction face à une situation dont on n'est pas maître. Il n'est pas encore possible, hélas, de prouver que cette gratitude-là existe chez les animaux, puisque l'on ne peut, au mieux, que deviner quel regard ils portent sur la vie. Ce qui ne nous empêche pas, ma famille et moi – même en l'absence de preuve scientifique –, d'être certains que Barry fut satisfait et heureux d'avoir trouvé chez nous son ultime foyer.

Mensonges et entourloupes

Les animaux peuvent-ils mentir ? Si on prend le terme au sens large, pas mal d'animaux en sont capables. Le syrphe, qui, avec ses rayures jaunes et noires, imite la guêpe, « ment » à ses ennemis en simulant le danger. Il est certes improbable que cette mouche ait conscience de sa feinte, car elle ne la met pas en œuvre volontairement, et a, du reste, cette apparence depuis qu'elle est née. Il en va de même avec le paon du jour, un papillon de nos régions, qui fait croire à ses ennemis, grâce aux gros « yeux » dessinés sur ses ailes, qu'il est une proie bien trop imposante pour eux. Mais laissons de côté, à présent, la tromperie involontaire pour observer plutôt si les animaux peuvent se jouer des tours.

Prenons le cas de notre coq Fridolin. C'est un bon pépère au plumage couleur de neige, ainsi qu'il sied aux représentants de son espèce : l'australorp blanche. Fridolin vit avec deux poules dans une cour de cent cinquante mètres carrés, hors d'atteinte du renard et de l'autour des palombes. Deux poules suffisent amplement à nous fournir des œufs, mais Fridolin, lui, n'est pas du tout de cet avis. Il n'est pas vraiment débordé avec une si petite compagnie, ses pulsions sexuelles pouvant facilement satisfaire deux douzaines de bien-aimées. Bon gré mal gré, il lui faut concentrer tout son amour sur Lotta et Polly. Les poules, que ses assauts permanents indisposent, évitent prestement Fridolin dès qu'il s'élance pour le saut décisif. S'il réussit quand même à atterrir sur le dos d'une de ses belles, il écarte les ailes pour tenir en équilibre. Il attrape du même coup la poule aplatie au sol par les plumes de la nuque, qu'il arrache parfois dans un même élan. Il presse ensuite son cloaque contre celui de sa partenaire et lui injecte sa semence. Une fois l'acte de quelques secondes accompli, la poule se secoue et peut retourner manger tranquillement, au moins un moment. Mais Fridolin a de nouveau bientôt envie et, comme il n'y a plus de volontaires, une capture épuisante pour lui s'engage. Le coq se retrouve souvent à bout de souffle, et le calme finit par revenir.

Mais il y a plus commode… En vrai gentleman, Fridolin laisse en général son petit harem manger en premier. Dès qu'il repère quelque délice, il se met à chanter sur un ton particulier, si bien que Lotta et Polly se jettent aussitôt sur ce qu'il a trouvé. Mais il arrive qu'il n'y ait rien sous les pattes de Fridolin : l'impudent a bel et bien menti. Ce n'est ni un savoureux ver ni une graine spéciale qui attend les poules, mais une nouvelle tentative d'accouplement, souvent couronnée de succès grâce à l'effet de surprise. Toutefois, s'il abuse de ce stratagème (et avec deux poules, quelques mensonges suffisent), Lotta et Polly deviennent méfiantes, même quand la découverte n'est pas feinte. Poule échaudée craint l'eau froide !

D'autres espèces d'oiseaux peuvent, elles aussi, raconter de gros bobards. L'hirondelle, par exemple. Si le mâle ne trouve pas sa femelle au nid à son retour, il pousse un cri d'alarme. La femelle, qui s'imagine qu'un danger approche, revient au nid fissa. Cette fausse alerte permet au mâle d'empêcher la femelle de lui être infidèle en son absence. Quand les œufs sont pondus, il ne se fait plus de souci, et les cris trompeurs cessent[20].

Autre exemple de cette capacité à tromper : celui des mésanges charbonnières, que l'on trouve un peu partout, et qui n'hésitent pas, au besoin, à raconter des histoires. Car quand il s'agit de manger, charité bien ordonnée commence par soi-même. Ces jolis oiseaux à la tête blanc et noir possèdent un langage élaboré, leur servant notamment à signaler à la communauté la présence d'un ennemi. Parmi ces prédateurs se trouve l'épervier d'Europe, un petit rapace qui ressemble à l'autour des palombes et chasse de préférence dans les jardins. Moineaux, rouges-gorges ou mésanges : il fond sur eux et les mange dans les buissons les plus proches. Une mésange noire, qui voit venir le danger de loin, mettra en garde ses congénères en émettant un son aigu, inaudible pour l'épervier, mais permettant à tout le clan de se mettre à l'abri, ni vu ni connu. Si, en revanche, le rapace se rapproche déjà dangereusement, l'avertissement retentit dans des fréquences plus basses. Toutes les mésanges savent alors que l'attaque de l'épervier est imminente. L'agresseur entend cette fois-ci la mésange zinzinuler et sait que son attaque ne sera pas une surprise. Il est fréquent qu'il fasse chou blanc quand les mésanges sont ainsi sur leurs gardes. La communauté fonctionne bien, et certaines mésanges en profitent impudemment. Si un rare délice se présente, et qu'il n'y en a pas pour tout le monde, ces petites menteuses poussent le cri d'alarme bien connu. Toutes filent se mettre à l'abri – enfin presque toutes. Car la tricheuse, elle, se régale tranquillement tout son content.

Qu'en est-il de l'infidélité ? C'est aussi une forme de tromperie, si du moins elle est commise en connaissance de cause, comme c'est le cas chez le mâle de la pie. Certains citadins ont en horreur ce beau corvidé noir et blanc, qui, pour nourrir ses petits, s'empare de ceux d'autres espèces d'oiseaux chanteurs. Il joue, à cet égard, dans la même cour que l'écureuil, dont nous avons parlé. J'aime à m'imaginer la pie menacée d'extinction. Combien alors serions-nous heureux de la voir apparaître, éblouis par son habit de plumes, dont les pièces noires luisent de reflets bleu-vert ! Malheureusement, c'est là une beauté de la nature trop peu admirée.

Mais revenons à nos histoires d'infidélité. Les pies, comme d'autres corvidés, peuvent s'unir pour la vie. Les deux partenaires choisissent un territoire, n'en changent plus des années durant, et le défendent ardemment contre l'intrusion de leurs congénères, à l'évidence pour éviter les infidélités. Une fois les œufs pondus, en effet, quand la reproduction est à peu près terminée, les frontières du territoire sont gardées avec bien moins de zèle. Pour autant, l'hypocrisie n'est pas exclue auparavant, du moins du côté du mâle. Alors que la femelle fait preuve d'agressivité pour chasser toute concurrence de son territoire, son partenaire est un opportuniste. Si sa femelle le regarde ou peut l'entendre, il repousse, lui aussi, les femelles qui s'approchent. Mais s'il ne se croit pas observé, il fait une cour empressée aux nouvelles beautés de passage[21].

Il est d'autres stratégies, dans le règne animal, que l'on ne saurait, en revanche, qualifier de mensonges, en dépit de ce qu'on lit parfois dans la presse. On cite souvent le renard, par exemple, qui, à la différence du paon du jour, peut feinter consciemment : faire le mort, parfois même en laissant pendre sa langue, fait partie de sa stratégie de chasse. Un cadavre en vue ? Voilà qui intéresse toujours quelqu'un, en particulier les corvidés. Ces derniers ne se font pas prier quand la viande offerte est copieuse, même si elle commence à sentir un peu. Dans le cas de notre renard, elle est carrément toute fraîche – trop fraîche ! Car si un hôte au plumage noir veut se servir, il se retrouve dare-dare entre les dents du goupil, et c'est lui qui finit mangé[22]. Il s'agit là d'une prouesse en matière de simulation et effectivement d'une feinte, mais pas d'un mensonge. Car la tromperie, en règle générale, vise des membres de son espèce, que l'on induit délibérément en erreur pour mieux tirer son épingle du jeu. Le renard, lui, a une stratégie de chasse très raffinée, mais qui n'est pas moralement suspecte. Au contraire du coq Fridolin ou de la pie infidèle, qui dupent volontairement de proches congénères.

Que signifie d'ailleurs « moralement suspect » ? Personnellement, ces ruses, quelles qu'elles soient, ont plutôt tendance à m'émouvoir : elles sont l'expression des multiples facettes de la vie intérieure des animaux.

Au voleur !

MENTIR EST COURANT CHEZ LES ANIMAUX, MAIS QU'EN est-il du vol ? Si nous voulons des exemples probants, cherchons en priorité du côté des animaux sociaux, car, comme pour le mensonge, le caractère répréhensible du vol n'a de sens que s'il est perpétré envers des congénères.

L'écureuil gris américain a plus d'un tour dans son sac en matière de vol. Mais disons d'abord un mot de son développement, car il est devenu un vrai danger pour l'écureuil roux (et parfois aussi pour le brun foncé) de nos contrées. En 1876, pris de pitié, un certain M. Brocklehurst, vivant dans le Cheshire, en Angleterre, libéra un couple, qu'il avait ramené d'Amérique du Nord et d'abord gardé captif. Dans les années qui suivirent, plusieurs dizaines d'amis des animaux firent de même. Les écureuils gris remercièrent leurs libérateurs en se livrant à une reproduction zélée – au point de menacer d'extinction leurs parents européens roux. Les écureuils gris sont plus grands et plus costauds que les roux et, en outre, ils s'adaptent à toutes sortes de peuplements forestiers : feuillus ou résineux. Mais il y a pire encore pour nos écureuils… Une passagère clandestine a émigré avec l'écureuil gris : la variole de l'écureuil. Alors que les rongeurs américains sont largement immunisés contre ce virus, les écureuils roux tombent comme des mouches. Malheureusement, des lâchers ont également eu lieu en 1948 dans le nord de l'Italie, si bien que l'écureuil gris prend depuis la direction des Alpes. Franchira-t-il un jour les sommets pour marcher victorieusement sur nos forêts, au cœur de l'Europe ? Nul ne le sait.

Mon intention, au demeurant, n'est pas d'étiqueter cet animal comme nuisible ; il n'est pas responsable de son transport en Europe. Mais sa suprématie vient sans doute aussi de son comportement, ce qui nous ramène à notre sujet : le vol. Il arrive, en effet, que l'écureuil se procure de la nourriture en pillant les réserves de ses congénères. C'est bien souvent, alors, une question de survie, comme on l'a vu avec la quête désespérée dans la neige que j'observe chaque hiver par la fenêtre de mon bureau. Oublier où sont ses réserves, c'est se condamner à mourir de faim. Alors quand on ne sait plus trop, on se sert chez le voisin. J'ignore si les écureuils de nos contrées ont mis au point une stratégie contre le vol, mais des chercheurs ont découvert que l'écureuil gris, lui, en a une. Une équipe de la Wilkes University, à Philadelphie, a ainsi vu ces animaux préparer de faux garde-manger. Ils le faisaient, de toute évidence, pour induire en erreur certains congénères – et uniquement quand ils se sentaient observés : ils creusaient un peu et faisaient semblant de glisser quelque chose dans la terre. D'après les scientifiques, c'était la première fois que le recours à la fcinte était prouvé chez les rongeurs. Jusqu'à vingt pour cent d'entrepôts vides étaient ainsi aménagés quand des écureuils étrangers étaient nombreux à regarder. En guise de test, les chercheurs demandèrent à des étudiants de vider les vraies réserves des écureuils gris : ceux-ci réagirent immédiatement et se mirent à appliquer leur stratégie de feinte, valable y compris, donc, face à des voleurs humains.

Chez le geai des chênes aussi, on fauche à qui mieux mieux. L'oiseau est un vrai maniaque de la sécurité. Alors qu'il aurait besoin de bien moins de nourriture pour l'hiver, il dépose à l'automne jusqu'à onze mille glands et faînes dans le sol meuble de la forêt. Ces graines oléagineuses ne servent pas uniquement de provisions d'urgence pour la morte-saison ; elles sont aussi utilisées au printemps pour élever les poussins. Malgré tout, les réserves que constitue cet oiseau débrouillard sont en général bien trop importantes et le poussent à de véritables prouesses de mémoire : il lui suffit d'un coup de bec pour retrouver chacune de ses milliers de réserves. Les graines non consommées donneront naissance à de petits arbres : les générations suivantes ne sont pas oubliées. Dans mon district, nous tirons parti de la collectionnite des oiseaux pour rompre la monotonie des vieilles plantations d'épicéas avec de jeunes feuillus. Nous posons sur des poteaux des bacs à semis remplis de glands et de faînes. Les geais aiment à s'y servir, puis enfouissent leur butin dans la terre sur un rayon de quelques centaines de mètres. Tout le monde est gagnant : nous obtenons à très bon marché de nouvelles forêts de feuillus, tandis que les geais se constituent sans peine d'énormes provisions pour l'hiver. Mais certaines années, où les chênes et les hêtres ne fleurissent pas, les choses se compliquent pour l'oiseau multicolore. Si la population a augmenté les années fastes, une réduction est cette fois-ci à l'ordre du jour : la nature l'exige, sans pitié, depuis la nuit des temps. Mais qui a envie de mourir de faim ? Une partie des oiseaux migre vers le sud, la majorité tentant de survivre dans les forêts où ont vécu les générations précédentes.

Comme l'écureuil, le geai observe ses congénères enterrer leurs trésors en ces temps de disette, à la fin de l'automne. Et, comme nul ne saurait surveiller autant de cachettes en même temps, il est tout à fait possible, l'hiver venu, de vivre discrètement aux frais de thésaurisateurs prudents. Les oiseaux le savent parfaitement, comme l'ont découvert des chercheurs de l'université de Cambridge. Ceux-ci ont disposé dans une volière différents substrats, certains composés de sable, d'autres de gravier. Alors que le sable ne fait presque aucun bruit quand on creuse, le cliquetis des graviers vous trahit. Ce que les geais avaient bien en tête en aménageant leurs réserves. S'ils étaient seuls dans l'enclos, le type de sol dans lequel ils cachaient les cacahuètes offertes leur était égal. Si, tout à leur tâche, ils étaient vus et entendus par des concurrents, l'endroit où ils fouissaient semblait également indifférent. Dans le premier cas, en effet, nul ne pouvait savoir où était caché le précieux butin et, dans le second cas, il était évident pour les oiseaux que qui voit les cachettes a, de toute façon, déjà percé le secret. Si, en revanche, les concurrents ne pouvaient pas les voir, mais seulement les entendre, les geais optaient pour le sable, qui fait peu de bruit. Les chances pour que l'opération ait échappé aux voleurs potentiels étaient alors bien supérieures. De leur côté, les voleurs faisaient aussi moins de bruit : alors qu'ils avaient l'habitude de communiquer tout fort en présence de congénères, ils se faisaient bien plus discrets quand ils observaient les opérations de planque – de toute évidence pour ne pas se trahir[23]. L'étude révéla deux choses : l'oiseau qui aménageait sa cachette était capable de se mettre à la place de ses congénères présents alentour et de prendre en compte l'étendue de leur champ visuel ; quant au futur voleur, manifestement capable de prévoir une action à long terme, il réprimait ses émissions sonores de manière à accroître ses chances de piller tranquillement les réserves de cacahuètes.

Le vol, au sens de subtilisation consciente de ce qui appartient à autrui, n'existe pas seulement au sein d'une même espèce. Les traces de ces pillages sont visibles l'hiver dans beaucoup de forêts de feuillus. Il s'agit de trous dans le sol pouvant atteindre cinquante centimètres de profondeur et entourés de grosses mottes de terre. Seuls les sangliers sont capables de fouir ainsi et ils le font toujours les *années de glandée* ou de *grande faînée*. Ces termes techniques désignent la fructification massive des chênes et des hêtres, laquelle était bien sûr une bénédiction pour la population paysanne de jadis. Elle pouvait alors mener les cochons en forêt et les engraisser une dernière fois juste avant l'hiver, de manière à tuer des animaux gros et gras. Aujourd'hui, le pâturage en forêt est interdit*, mais le terme est resté. Et les sangliers se comportent évidemment comme leurs parents apprivoisés : ils se fabriquent une bonne couche de lard. Mais quand la manne est engloutie et que le sol est aussi net qu'après un coup de balai, les estomacs gargouillent et réclament du rab. Or ce supplément se trouve profondément enfoui sous terre. Car des souris ont enterré là, en réserve, leur part de la récolte, pour passer l'hiver à l'abri. Même quand le froid est rigoureux, le gel s'arrête quelques centimètres sous le tapis de feuilles, si bien que, chez les souris, il fait toujours au moins cinq degrés. Des feuilles confortables, de la mousse et une bonne isolation contre les courants d'air font qu'on y est très bien. Du moins tant qu'un sanglier ne vient pas à passer par là... Car le fouisseur

* En France, le pâturage des porcins dans les bois et forêts publics est soumis au nouveau Code forestier. La glandée, limitée à trois mois (art. L. 241-9), ne peut être pratiquée que sur les terrains «dont l'Office national des forêts a estimé qu'ils ne justifiaient pas une mise en défens», à savoir une interdiction du pâturage (art. L. 241-10). C'est aussi l'ONF qui fixe le nombre d'animaux admis (art. L. 241-11).

gris a un odorat très fin et repère le logis des petits rongeurs à plusieurs mètres. Il sait d'expérience que ces petites bêtes stockent consciencieusement des faînes ou d'autres graines, le tout bien concentré au même endroit. Ce qui pour les souris représente un énorme stock pour plusieurs mois n'est pour le sanglier qu'un petit en-cas. Mais, comme les souris vivent souvent en assez grandes colonies, plusieurs de ces collations fournissent au sanglier les calories nécessaires pour affronter un jour de froid. Celui-ci creuse donc le sol le long des galeries jusqu'à forcer le garde-manger, dont il ne fait qu'une bouchée. Les souris n'ont plus qu'à fuir, et leur destin est incertain, car la nourriture de base est très rare l'hiver pour qui n'a plus de chez-soi. Si elles ne parviennent pas à échapper au sanglier, sous terre, les souris font partie du festin : le cochon sauvage aime agrémenter son repas de viande. Ce qui, au moins, épargne aux souris de mourir lentement de faim.

Et que dit la morale d'un tel procédé ? Le pillage de ces réserves par les sangliers n'est pas un véritable vol, puisqu'ils n'abusent pas leurs congénères. Ils savent parfaitement qu'ils pillent les réserves des souris, mais il s'agit pour eux d'une manière habituelle de se procurer de la nourriture – même si les souris voient sûrement les choses d'un autre œil.

Du courage

Si les animaux ne faisaient que suivre un programme génétique figé, tous les individus d'une espèce réagiraient de la même façon dans une situation donnée. Une certaine quantité d'hormones serait sécrétée, qui provoquerait les comportements instinctifs correspondants. Or ce n'est pas le cas, comme vos animaux domestiques vous l'ont peut-être montré. Il y a des chiens courageux et des chiens peureux, des chats agressifs et des chats très doux, des chevaux craintifs et des chevaux coriaces. Chaque animal développe son caractère en fonction de ses prédispositions génétiques et, surtout, de l'influence de son environnement, donc de son vécu. Notre chien Barry, par exemple, avait la trouille. Comme je l'ai déjà dit, il était passé entre les mains de différents propriétaires avant d'arriver chez nous. Jusqu'à la fin de ses jours, il a eu peur qu'on l'abandonne et se montrait toujours très nerveux quand on l'emmenait en visite dans la famille. Comment savoir, quand on est un chien, si l'on ne va pas, une fois de plus, se débarrasser de vous ? Sa nervosité se manifestait par un halètement constant, si bien que nous avons finalement préféré laisser notre chien malade du cœur tout seul quelques heures à la maison plutôt que de l'emmener avec nous. À notre retour, il nous était facile de vérifier si Barry était détendu. Comme il était devenu sourd avec l'âge, il ne nous entendait pas rentrer et poursuivait son petit somme jusqu'au moment où, sentant le parquet bouger sous nos pas, il ouvrait un œil endormi. Barry n'était donc pas un exemple de courage. Or c'est cette qualité qui nous intéresse, et c'est en forêt que nous allons la trouver.

J'ai un jour vu un faon, qui avait franchi une clôture en compagnie de sa mère, se montrer, justement, très courageux. J'avais autrefois fait installer des clôtures sur un terrain où une futaie d'épicéas avaient été renversée par un ouragan. Pour faire pousser à la place une forêt aussi naturelle que possible, les ouvriers forestiers avaient planté de petits feuillus. Or il fallait protéger ceux-ci de l'avidité des herbivores, c'est pourquoi j'avais fait poser des clôtures grillagées de deux mètres de haut, derrière lesquelles poussaient les semis de chênes et de hêtres. Lors d'une autre tempête, un épicéa voisin tomba sur l'une de ces clôtures, qu'il plaqua au sol. Des chevreuils et la fameuse biche avec son faon empruntèrent la brèche qui menait tout droit au pays de cocagne. Pas un randonneur ne les dérangeait, et ils purent se jeter tranquillement sur les délicieuses pousses des feuillus convoités. Pour moi, la situation était bien différente : la coûteuse clôture ne servait plus à rien, et la perspective d'avoir un jour des hêtraies et des chênaies à peu près naturelles était repoussée pour des lustres. Je me mis donc aux trousses des hôtes inopportuns en compagnie de ma chienne Maxi, un petit épagneul de Münster, pour tenter de les faire sortir. J'ouvris une porte située dans un angle de manière à ce que les animaux, poussés à l'intérieur le long du grillage, puissent prendre la fuite par cette issue. Fuir s'imposait, de fait, pour eux, car Maxi entrait en action. La chienne, qui suivait mes signaux à cent mètres, se mit à filer ici et là pour fouiller le moindre buisson. Les chevreuils enfilèrent la porte à côté de moi – avant d'entrer de nouveau dans l'enclos vingt mètres plus loin, en s'y faufilant sur le ventre par une toute petite brèche. Nous n'eûmes pas plus de succès avec la biche et son faon, à cause de ce dernier, cette fois-ci. Sa mère essaya de le faire sortir au galop, Maxi les chassant ventre à terre dans la bonne direction. Mais c'en fut trop pour le faon. Il se retourna et, menaçant, se mit à courir en direction de la chienne. D'ordinaire, Maxi était très courageuse et n'avait quasiment peur de rien. Mais un faon qui se précipitait sur elle, elle n'avait jamais vu ça ! Déconcertée, elle s'arrêta tandis que le faon, lui, conti-nuait d'attaquer, si bien qu'elle finit par déguerpir. Il n'y avait plus rien à faire : les animaux purent, ce jour-là, rester à l'intérieur. Mon chien n'inspirait plus aucun respect, et je ne pus qu'esquisser un sourire : moi non plus, je n'avais jamais vu un jeune animal aussi courageux. Il avait bel et bien fait preuve de courage, car c'est sa mère qui aurait dû s'interposer et tenir l'agresseur à distance de son petit.

Mais qu'est-ce que le courage, au fond ? Voilà encore une notion pour le moins floue et changeante (essayez donc d'en donner une définition, comme ça, au pied levé !), même si une tendance se dégage : on fait preuve de courage lorsqu'on accomplit, en dépit d'un danger identifiable, un acte reconnu comme important. Au contraire de la fougue, le courage est considéré comme une qualité et, en ce sens, le faon a sans doute fait ce qu'il avait de mieux à faire.

Les grives litornes, dont j'ai déjà parlé, qui couvent dans les vieux pins près de chez nous, sont tout aussi cou-rageuses. Quand la corneille noire, leur ennemi juré, fait son apparition, elles ne la laissent pas s'en prendre à leurs poussins sans rien faire. Dès que l'oiseau redouté s'approche de la colonie, elles l'attaquent avant même qu'il se pose. Les grives encerclent bruyamment l'intrus, pourtant bien plus gros qu'elles, et fondent sur lui en vol piqué. La corneille aurait beau jeu de repousser les petits passereaux en colère ou même de les blesser gravement. Mais l'attaque résolue, souvent soutenue par des congénères venus en renfort, déconcerte à tel point la corneille qu'elle se met à faire des zigzags pour esquiver. L'opération l'éloigne peu à peu du nid (c'est ce que veulent les grives) et semble beaucoup l'énerver, si bien que, en général, elle bat en retraite au bout de quelques minutes puis quitte les parages. Les grives litornes sont-elles courageuses ? Ou se contentent-elles de suivre un programme génétique de réponse à l'ennemi ? Un peu des deux, comme dans toute situation comparable – et y compris pour nous, sans doute. Toutes les grives ne se montrent pas aussi résolues, ni surtout aussi persévérantes. La distance sur laquelle la corneille est poursuivie et la violence des attaques en vol piqué diffèrent d'un oiseau à l'autre. Alors que telle grive peureuse ne s'élance que mollement, telle autre est assez brave pour faire fuir la corneille sur plusieurs centaines de mètres.

Les moins vaillants sont-ils pour autant désavantagés ? Niels Dingemanse et son équipe de l'institut Max-Planck d'ornithologie ne sont pas de cet avis. En étudiant le caractère des mésanges charbonnières, ils ont découvert que les timides s'entendent mieux avec leurs congénères. N'aimant ni les disputes ni les grands rassemblements, elles préfèrent vivre en petits groupes d'individus partageant les mêmes goûts. Les oiseaux timides, plus lents et plus calmes, mettent beaucoup de temps à se mettre en mouvement. Du coup, ils découvrent des choses qui échappent souvent à leurs congénères courageux et rapides, telles des graines oubliées, de l'été précédent[24]. Dans la mesure où courage et timidité ont l'un et l'autre des avantages et des inconvénients, les deux traits de caractère ont pu se maintenir jusqu'aujourd'hui chez les animaux.

Ni tout blanc ni tout noir

Nous sommes nombreux à nous intéresser à ce que ressentent les animaux. Mais, la plupart du temps, cet intérêt se limite à certaines espèces et excepte notamment celles qui nous paraissent dangereuses ou qui nous répugnent. «À quoi peuvent bien servir les tiques?» On me pose souvent cette question, et elle m'étonne toujours. Car je ne crois pas que chaque animal ait une fonction spéciale dans l'écosystème. Vous trouvez cela étrange de la part d'un forestier? Selon moi, c'est au contraire une façon de respecter chaque créature comme il se doit.

Mais n'allons pas trop vite. Commençons par d'autres exemples. Pourquoi pas celui des guêpes? Ces insectes, qui forment des colonies, peuvent être très agaçants en fin d'été, et moi aussi j'ai fini par en avoir ma claque, des piqueuses à rayures. À moins que je leur aie gardé rancune depuis un incident de jeunesse… Je pédalais à vive allure pour aller à la piscine quand une guêpe volant en sens inverse vint se ficher entre mes lèvres sous l'effet de la vitesse. Je pinçai la bouche, mais ne pus l'empêcher de me piquer à plusieurs reprises, telle une machine à coudre. Ma lèvre inférieure enfla aussitôt presque à en éclater, ce qui me fit vraiment peur. Sans compter qu'à cet âge-là, on manque déjà un peu d'assurance, alors se retrouver défiguré... Bref : autant dire que, depuis ce jour, je ne porte plus vraiment les guêpes dans mon cœur. L'un ou l'autre d'entre vous a peut-être vécu un épisode semblable ; en tout cas, tous les répulsifs et autres pièges en vente dans le commerce n'ont rien de surprenant – telles ces structures de verre en forme de cloche que l'on remplit de solutions sucrées pour attirer les guêpes et les noyer. Cela a l'air cruel, et ça l'est. Mais les insectes qui piquent étant considérés comme inférieurs, les scrupules ne sont pas de bon ton.

Changement de décor : nous voici à présent dans un chou blanc, poussant sur la plate-bande d'une collègue. Ses feuilles charnues accueillent en nombre les chenilles dodues de la piéride du chou. Elles aussi sont des nuisibles, qui trouent les feuilles jusqu'aux nervures. Ma collègue nous a demandé conseil, et Miriam et moi avons pu l'aider : nous avions eu de bons résultats avec de l'huile de neem les années précédentes. Cet insecticide écologiquement irréprochable (autorisé dans les exploitations biologiques) nous a permis de sauver nos têtes de chou jusqu'à la récolte. Mais nous n'avons finalement pas eu l'occasion de tester l'huile sur la plate-bande : c'est là que les guêpes entrent à nouveau en jeu. Elles se jetèrent sur les chenilles, les réduisirent en morceaux et les transportèrent jusqu'à leur nid pour leur couvain affamé. En moins de deux, plus de sales bestioles sur la plate-bande. Et nous avons observé la même chose chez nous, à la maison forestière : le fléau estival des guêpes protégea des chenilles nos rangs de choux. Alors, nuisible la guêpe ?

Des étiquettes semblables ont été collées à la plupart des animaux de nos jardins. Mésange : utile (mange les chenilles) ; hérisson : utile (mange les limaces) ; limace : nuisible (mange la salade), puceron : nuisible (suce les plantes). Encore heureux qu'à chaque nuisible correspondent des animaux utiles, qui le contiennent... Mais compartimenter ainsi la nature suppose nécessairement deux hypothèses : il faut, premièrement, que le monde ait été créé selon un plan parfaitement conçu, où tout se coordonne et s'équilibre ; deuxièmement, que son créateur ait fait ce monde dans le seul but de satisfaire les besoins de l'homme. La question de savoir à quoi sert une tique est on ne peut plus logique dans une telle vision du monde. Mon propos n'est pas de dénoncer ces classifications, diffusées, après tout, par les associations de protection de la nature, qui favorisent les animaux dits utiles en leur construisant des abris. Mais la nature se laisse-t-elle vraiment mettre dans de telles cases ? Dans laquelle alors serions-nous rangés ?

Je pense plutôt que si la vie, qui trépide à l'infini de millions d'espèces, s'est si bien équilibrée, c'est parce que celles qui sont trop égoïstes et exploitent sans vergogne les ressources communes déstabilisent l'écosystème, puis le transforment, lui et ses habitants, de manière radicale. C'est ce qu'il s'est passé il y a quelque 2,5 milliards d'années. À cette époque, beaucoup d'espèces étaient anaérobies, c'est-à-dire qu'elles vivaient sans consommer d'oxygène. Notre indispensable gaz respiratoire était un pur poison pour la vie d'alors. Et puis, un jour, des cyanobactéries ont commencé à se répandre à toute vitesse. Elles se nourrissaient par photosynthèse et rejetaient un déchet dans l'air : l'oxygène. Il fut d'abord absorbé par des roches contenant, par exemple, du fer, lequel rouilla. Puis, l'excédent finit par être tel que l'air en accumula toujours plus, jusqu'à ce qu'un seuil mortel soit finalement dépassé. Beaucoup d'espèces disparurent, et le reste apprit à vivre avec l'oxygène. Nous sommes, en fin de compte, les descendants des créatures qui se sont adaptées.

Des ajustements minimes ont lieu tous les jours. Ce que nous concevons comme un bon équilibre entre proies et prédateurs, par exemple, est en réalité un rude combat, qui compte beaucoup de perdants. Quand un lynx parcourt son immense territoire, c'est qu'il a envie de manger un chevreuil. À défaut d'être un bon sprinteur, le félin doit miser sur l'effet de surprise. Sont particulièrement faciles à attraper les herbivores imprudents qui ne se doutent de rien, la présence de grands félins ne s'étant pas encore ébruitée parmi eux. Le lynx peut déguster un chevreuil par semaine, mais seulement tant que les autres n'ont pas été avertis. Car, alors, c'est la panique dans la forêt au moindre craquement, et même les animaux domestiques sont sur leurs gardes. Un collègue m'a raconté que son chat est le premier à signaler la présence d'un lynx dans son district. À en croire le forestier, dans ces cas-là, son tigre de salon n'ose plus sortir. Comment le chat a-t-il eu vent du lynx ? Ça, il n'en a aucune idée. Peut-être est-ce le comportement de l'ensemble des proies potentielles qui fait naître dans la forêt une sinistre atmosphère de méfiance ? Quoi qu'il en soit, le résultat est que le lynx réussit de moins en moins souvent son coup et doit partir plus loin. Ce n'est qu'à des kilomètres de là, dans un nouveau secteur peuplé d'insouciants, qu'il pourra à nouveau chasser sans difficulté. Mais si trop de lynx fréquentent la même zone, il finit par ne plus y avoir de proies naïves du tout. L'hiver, en particulier, quand les températures baissent et que les besoins en énergie s'élèvent en conséquence, nombreux sont les lynx qui meurent de faim, notamment les jeunes sans expérience. On pourrait aussi dire que la population se régule toute seule, mais ce sont tout de même des êtres vivants qui meurent, et de façon plutôt cruelle.

La nature n'est pas un meuble à casiers. Il n'existe pas d'espèces fondamentalement bonnes ou mauvaises, comme nous l'avons déjà vu à propos de l'écureuil. Il est cependant bien plus facile à ce dernier qu'à la tique d'éveiller notre compassion ou, au moins, notre intérêt. Et pourtant, cette minuscule créature repoussante a, elle aussi, un ressenti, qu'il est possible de prouver empiriquement, du moins en ce qui concerne les sensations toutes simples comme la faim. Car ce n'est que lorsque son estomac gargouille que le petit arachnide a une folle envie de sang de mammifère. Il doit être désagréable d'avoir l'estomac vide, surtout s'il n'a pas été rempli depuis une petite année, laps de temps maximal que peut tenir la tique entre deux repas. Si un gros animal arrive d'un pas lourd, elle perçoit les secousses et sent également la sueur, entre autres effluves malodorants. Aussitôt, elle tend ses petites pattes de devant : avec un peu de chance, elle pourra s'accrocher au corps ou aux pattes qui passent et accompagner sa nouvelle monture. Puis, elle rampe jusqu'à une région cutanée fine et bien chaude, où elle plante ses dents. À l'aide de son rostre, elle s'ancre dans la lésion et boit à petites gorgées le sang qui en sort. Le petit vampire peut ainsi grossir jusqu'à atteindre le volume d'un pois. Il traverse trois stades de mue, avant lesquels il lui faut, chaque fois, trouver une nouvelle victime afin de faire des provisions, ce pourquoi il peut mettre jusqu'à deux ans à devenir adulte. Quand c'est enfin fait, le mâle et la femelle, plus grosse que lui, ont tellement sucé de sang qu'ils en éclateraient presque. Il ne manque plus que le finale : le mâle doit s'accoupler. Ou plutôt *veut* s'accoupler. Comme nous, il est mû par des instincts, avide de trouver une partenaire pour s'agripper à elle et saisir sa chance. Puis – et le parallèle, heureusement, s'arrête là – il meurt. La femelle vit encore assez longtemps pour pondre jusqu'à deux mille œufs avant d'expirer à son tour.

Chez les mammifères, nous qualifierions de dévoués des animaux pour qui le summum du bonheur, ou plutôt – parce qu'on ne peut prouver pour l'instant qu'ils en ressentent – le couronnement de la vie consiste à faire voir le jour à des milliers de petits avant de mourir d'épuisement. Mais, pour l'heure, les hommes, hélas, n'éprouvent envers les tiques rien d'autre que du dégoût.

Du chaud et du froid

QUI NE SE SOUVIENT DE SON COURS DE BIOLOGIE ? LE MONDE animal comprend, entre autres subdivisions de toutes sortes, des homéothermes et des poïkilothermes. Eh oui ! Revoilà les fameuses cases, et vous allez voir que celles-ci ne sont pas plus pertinentes que les précédentes. Mais arrêtons-nous d'abord sur la classification scientifique. Les animaux homéothermes règlent tout seuls leur température, qu'ils maintiennent constante. Nous en sommes le meilleur exemple : quand nous avons froid, nos muscles commencent à trembler, produisant ainsi la chaleur nécessaire ; quand nous avons trop chaud, nous transpirons et produisons de la fraîcheur du fait de l'évaporation. Les animaux poïkilothermes, au contraire, dépendent, pour le meilleur et pour le pire, de la température extérieure. S'il se met à faire trop froid, c'en est fini de leur mobilité. Voilà pourquoi je trouve régulièrement, l'hiver, au milieu de mon bois de chauffage, des mouches incapables de décoller. Elles se déplacent au ralenti sur les bûches sans pouvoir rien faire de plus quand les températures sont négatives. Sans défense, il ne leur reste plus qu'à espérer qu'aucun oiseau ne les repère tant qu'il fait froid. Tous les insectes sont logés à la même enseigne. Tous ? Non, pas mes abeilles (ni les autres, d'ailleurs).

Avant, je n'aimais pas les abeilles. Établir une relation avec un insecte est difficile, et quand en plus il pique, il nous est automatiquement antipathique. En outre, je ne mange que rarement du miel. Les conditions n'étaient donc pas réunies pour que je devienne apiculteur. Je le suis pourtant devenu. C'est ma récolte de pommes qui m'importait, or presque aucune abeille ne fréquentait nos pommiers au printemps. Pour que cela change, je me suis procuré en 2011 deux colonies. La pollinisation fonctionne très bien depuis. Nous avons du miel à revendre, et, surtout, j'ai appris que les abeilles se distinguent à bien des égards des autres insectes. Ce sont des animaux homéothermes, ce qui explique avant tout autre facteur leur tendance à faire des provisions. Transformé en miel et stocké dans les rayons, le nectar sert de réserve de combustible pour l'hiver. Les abeilles apprécient une chaleur confortable, située entre 33 et 36 °C, soit juste au-dessous de celle des mammifères. L'été, ce n'est pas un problème, bien au contraire : jusqu'à cinquante mille individus produisent de la chaleur en activant leurs muscles pour travailler. Il est plutôt nécessaire – et c'est un gros travail – de l'évacuer pour que la colonie ne soit pas en surchauffe. Des ouvrières apportent à cet effet de l'eau issue de la mare la plus proche et la laissent s'évaporer à l'intérieur de la ruche. L'air circule grâce aux milliers de battements d'ailes, et un courant rafraîchissant se diffuse entre les rayons. Il n'y a qu'en cas de perturbation trop importante que les efforts de la communauté échouent. En cas d'attaque extérieure ou de transport inapproprié des ruches d'un lieu à un autre, les abeilles énervées s'échauffent tellement qu'elles font fondre les rayons et meurent d'hyperthermie. En battant des ailes, la colonie ne fait pas seulement du bruit : elle provoque sa propre perte par la panique.

Mais, en temps normal, la régulation fonctionne parfaitement. La plupart du temps, il fait plutôt trop froid, et produire de la chaleur est essentiel. Avoir les muscles qui tremblent signifie brûler des calories et, pour compenser la perte énergétique, consommer du miel. Celui-ci n'est, en somme, rien d'autre qu'une solution sucrée très concentrée et épaissie, mélangée à des vitamines et à des enzymes. Chaque colonie en consomme plus de trois kilos par mois, notamment l'hiver. À la manière de la graisse d'hiver chez l'ours, les réserves de la ruche ne cessent de baisser, et la colonie elle-même diminue énormément.

S'il se met à faire très froid, les insectes se blottissent les uns contre les autres pour former une grappe. C'est en son centre qu'il fait le plus chaud : c'est l'endroit le plus sûr – et c'est évidemment là que doit se trouver la reine. Qu'en est-il des autres abeilles, celles qui se trouvent à la périphérie de la grappe ? Quand il fait moins de 10 °C à l'extérieur, elles mourraient de froid en quelques heures. Alors, des congénères de l'intérieur viennent aimablement les remplacer, pour qu'elles puissent à leur tour aller se réchauffer au cœur de la grappe grouillante.

Les insectes ne sont donc pas tous systématiquement poïkilothermes, comme nous le prouvent les abeilles. Comme vous l'avez déjà deviné, les mammifères, à l'inverse, ne sont pas tous homéothermes. En principe, le maintien d'une température constante est considéré comme la spécialité des mammifères (et des oiseaux). En principe. Mais le petit hérisson est là pour nous montrer qu'il y a toujours une exception qui confirme la règle. Tandis que l'écureuil, pourtant de taille comparable à celle du hérisson, virevolte certains jours allègrement de branche en branche, y compris dans la neige, son voisin du dessous passe toute la saison froide à dormir. Ses piquants ne sont pas aussi isolants que le pelage épais de l'écureuil, ce pourquoi il consomme beaucoup d'énergie quand les températures chutent. De plus, ses mets préférés que sont les coléoptères et les limaces ont déjà disparu de la circulation et sont introuvables au-dessus du sol. Alors, quoi de plus de naturel que de faire soi-même une pause ? Le petit père à piquants se roule confortablement en boule dans un nid au rembourrage moelleux, souvent installé au creux d'un tas de feuilles ou de brindilles. Il tombe alors dans un profond sommeil de plusieurs mois. À la différence de beaucoup d'autres espèces, il ne maintient plus sa température de 35 °C, mais coupe l'arrivée d'énergie. Sa chaleur corporelle tombe par conséquent au même niveau que la température ambiante, parfois jusqu'à 5 °C. Sa fréquence cardiaque ralentit et passe de deux cents battements par minute (son maximum) à seulement neuf, tandis que ses respirations diminuent elles aussi, passant de cinquante à quatre par minute. De ce fait, l'animal ne consomme presque plus d'énergie, et ses réserves le mènent jusqu'au printemps suivant.

Le froid ne dérange pas le moins du monde le hérisson, bien au contraire. Tant qu'il fait un froid de canard, la stratégie que l'on vient de décrire fonctionne pour le mieux. Le hérisson n'est en danger de mort que lorsque les températures hivernales dépassent les 6 °C. Car dans ce cas, il ouvre un œil, et le sommeil profond fait place à un demi-sommeil, dans lequel il a besoin de bien plus d'énergie – sans être encore capable de se mettre en mouvement. Si ces conditions météo se prolongent, bon nombre de dormeurs mourront de faim. Le hérisson ne retrouve vraiment sa mobilité qu'à partir de 12 °C, et peut alors manger, si toutefois il trouve quelque chose à se mettre sous la dent – car ses proies, elles, sont toujours dans leurs cachettes hivernales. Heureusement, il est fréquent que l'on tombe sur ces lève-tôt en mauvaise posture, et des centres de soins se chargent de les requinquer.

À quoi rêve un hérisson qui hiberne ? Durant la phase de sommeil profond, le métabolisme est quasiment à l'arrêt, donc il ne rêve sans doute pas beaucoup. Il faut en effet au cerveau beaucoup d'énergie pour rêver. Sans métabolisme, pas de cinéma intérieur ! Mais qu'en est-il pendant le demi-sommeil, quand la température passe au-dessus de 6 °C ? Si le hérisson peut alors rêver (puisque sa consommation d'énergie augmente), ses songes ne sont-ils pas de ces cauchemars dont on aimerait en vain pouvoir se réveiller ? L'animal est tout de même en danger de mort, et peut-être le devine-t-il dans son demi-sommeil, luttant désespérément pour atteindre la pleine conscience ? Pauvre petit père ! Le changement climatique aura hélas pour effet de multiplier les périodes hivernales chaudes de ce genre.

L'écureuil est un peu mieux loti, mais seulement pour ce qui est des rêves. Il n'hiberne pas vraiment, mais somnole juste deux ou trois jours avant d'être réveillé par la faim. Même si, pendant ces pauses, son rythme cardiaque ralentit et lui fait consommer moins de calories, sa température corporelle, elle, reste élevée. Voilà pourquoi il a réguliè-rement besoin d'une nourriture riche en énergie sous forme de glands et de faînes. Si elle fait défaut, ou si l'écureuil ne la retrouve pas, il mourra de faim.

La stratégie du cerf, quant à elle, est bien plus proche de celle du hérisson, car, aussi surprenant que cela puisse paraître, l'animal est capable d'abaisser la température des parties extérieures de son corps. Il le fait régulièrement au cours de la journée, hivernant ainsi seulement quelques heures d'affilée. Ce procédé lui permet quand même de réduire la consommation de sa précieuse masse grasse. Pour faire face au froid, son métabolisme peut être réduit de soixante pour cent par rapport à son fonctionnement estival[25]. Un autre problème surgit alors : digérer de la nourriture demande un métabolisme qui tourne à plein régime, et passer l'hiver sans rien manger n'est pas possible non plus. Si le cerf mange, il lui faut souvent plus d'énergie pour digérer que la nourriture ne lui en fournit. Voilà pourquoi le nourrissage offert par les chasseurs a parfois pour effet paradoxal de faire mourir de faim un grand nombre d'animaux, qui auraient probablement survécu si on ne les avait pas obligés à fournir des efforts digestifs après leur avoir donné du foin et des betteraves. Durant la saison froide, les cerfs, par nature, vivent surtout sur leurs réserves de graisse, constituées à l'automne.

Une question a fini par me tracasser : les cerfs passent-ils l'hiver tenaillés par la faim ? Rien que d'y penser, ça me chagrine. Être planté là dans la neige gelée avec l'estomac qui gargouille et l'extérieur du corps en forte hypothermie est sûrement très désagréable – ça l'est du moins pour l'homme. Mais il est désormais prouvé que la sensation de faim n'affecte pas le cerf. La faim est, en effet, une impulsion inconsciente, qui incite à absorber immédiatement de la nourriture. Mais le réflexe de manger ne sera activé que si un apport calorique est bénéfique. Prenons l'exemple du dégoût : même si vous avez faim, vous renoncerez à manger dès lors que la nourriture qu'on vous sert est putride et infecte. Votre inconscient coupera momentanément la faim et la remplacera par la détermination absolue de ne rien manger pour l'instant de ce qui est proposé. On ignore si le cerf ressent du dégoût pour les bourgeons et les herbes sèches ou s'il se sent simplement repu. Mais, en tout cas, on sait que l'animal ressent moins la faim l'hiver malgré la privation de nourriture, précisément parce que celle-ci est préférable pour son équilibre énergétique.

Toutefois, ce mécanisme de baisse de la température corporelle et de ralentissement du métabolisme ne fonctionne pas aussi bien chez tous les cerfs et toutes les biches. Tout dépend de leur caractère, lequel détermine notamment leur position hiérarchique au sein de la harde. Or l'hiver, les fortes personnalités s'exposent à davantage de dangers. Du fait de leur position en tête de harde, il leur faut sans cesse être vigilantes. Leur fréquence cardiaque reste donc élevée – de même que leur consommation d'énergie. Les animaux dominants ont certes un accès privilégié à la bonne chère, mais cela ne leur est guère utile. La maigre nourriture d'hiver, faite d'herbes sèches et d'écorce d'arbre, ne fournit pas assez de calories, si bien que leurs réserves de graisse fondent, dans des proportions bien plus grandes que chez leurs congénères de rang inférieur. Soumis, ces derniers flânent et somnolent durant les froides nuits d'hiver. Ils mangent certes moins que leur chef, mais consomment encore bien moins d'énergie – de telle sorte qu'à la fin de l'hiver, leurs réserves sont supérieures. Être en tête de harde réduit donc les chances de survie, même si l'on est partout prioritaire pour se servir. C'est la surprenante découverte faite par des chercheurs viennois dans de grandes réserves. Il faudra à l'avenir, estiment les scientifiques, s'intéresser davantage au parcours individuel et à la personnalité des animaux, plutôt qu'à l'espèce dans sa globalité. Ainsi fonctionne l'évolution, rappellent-ils : à coups d'écarts par rapport à la norme[26].

Les catégories «homéothermes» et «poïkilothermes» sont donc loin d'être figées. Que se passe-t-il quand il fait froid? Le froid est une sensation qui signale au corps que sa température chute dangereusement et qu'il faut réagir. Chez l'homme, une température du corps inférieure à 34 °C marque la limite. Nous commençons à trembler avant de l'atteindre et essayons alors de rejoindre des endroits plus chauds. Nos chevaux font de même : les jours d'hiver humides et venteux, notre vieille Zipy est la première à trembler et à chercher un refuge. Comme ses masses grasse et musculaire sont moins importantes que celles de notre seconde jument et que son corps est, par conséquent, moins bien isolé malgré son pelage d'hiver, l'abri installé dans le pâturage ne suffit pas toujours. Alors nous lui mettons une couverture chauffante jusqu'à ce qu'elle cesse de trembler et se sente mieux. De toute évidence, notre jument Zipy n'aime pas le froid. Pas plus que nous.

Qu'en est-il des insectes ? La température de leur corps fluctue au gré de la température de l'air : aucun mécanisme ne leur permet de maintenir une température minimale. À l'automne, les petits animaux se terrent dans le sol, se tapissent sous l'écorce d'un arbre ou dans la tige d'une plante afin de ne pas finir complètement gelés. Pour que la glace qui se forme dans leurs cellules ne les fasse pas éclater, ils stockent des substances telles que la glycérine, qui empêchent la formation de grands cristaux pointus. Mais que ressentent-ils ? Les espèces poïkilothermes ressentent-elles le froid ? Quand je regarde des grenouilles et des crapauds sauter dans des mares glacées à la fin de l'automne pour aller s'assoupir au fond de l'eau, je ne peux m'imaginer qu'ils aient froid. Si l'eau froide nous paraît, à nous, si désagréable, c'est uniquement parce qu'elle dissipe bien mieux que l'air notre chaleur corporelle. Mais, si la température du corps est identique à celle de la mare, sauter dedans ne peut pas être bien méchant. Les batraciens ne sont donc pas près d'y geler.

Est-il vrai que les insectes, les lézards ou les serpents ne ressentent pas la chaleur ? Je ne peux me l'imaginer, dans la mesure où ces animaux aiment, le printemps venu, se trouver dc petits coins au soleil. Plus leurs petits corps se réchauffent, plus ils se meuvent avec agilité. Ils perçoivent donc positivement la chaleur, et les orvets, par exemple, le paient cher. Car, quand le soleil brille, les routes se réchauffent très vite. L'asphalte emmagasine la chaleur et continue de la diffuser la nuit, si bien qu'il fait bon s'y ressourcer – sauf si un véhicule surgit, écrasant au passage nos inconditionnels du soleil, ce qui arrive, hélas, très souvent. Ces drames mis à part, il est évident que les animaux poïkilothermes perçoivent aussi certainement la température. Ont-ils pour autant le même ressenti que nous ? Il est permis d'en douter.

Intelligence collective?

LES INSECTES VIVANT EN SOCIÉTÉ PRATIQUENT LA DIVISION du travail. Les scientifiques ont forgé depuis longtemps déjà le concept de *superorganisme*, au sein duquel chaque individu n'est que la partie d'un grand tout. En forêt, les représentantes typiques de ce phénomène sont les fourmis rousses des bois. Elles construisent d'énormes monticules : le plus gros que j'ai trouvé dans mon district faisait cinq mètres de diamètre. À l'intérieur vivent le plus souvent plusieurs reines, qui pondent et assurent ainsi la pérennité de la colonie. Jusqu'à un million d'ouvrières sont aux petits soins pour elles. Les mâles ailés constituent la dernière *caste* ; ils s'envolent pour s'accoupler avec les reines, puis meurent. L'extraordinaire longévité – pour un insecte – des ouvrières, qui peuvent vivre jusqu'à six ans, est toutefois éclipsée par celle des reines avec leurs vingt-cinq ans maximum. Les modestes ouvrières n'en ont pas moins besoin de soleil pour donner le meilleur d'elles-mêmes. Voilà pourquoi la fourmi rousse se plaît dans les forêts lumineuses de résineux.

Si la fourmi rousse des bois s'est répandue au cœur de l'Europe bien au-delà de son habitat naturel, c'est en raison du développement de la culture des épicéas et des pins. Qu'elle ait été placée sous protection tient moins à sa rareté qu'à sa réputation de «policière des bois». Elle est censée, en effet, aider les forestiers à se débarrasser des nuisibles envahissants, tels les scolytes ou les chenilles de papillons – rôle qui, en fait, n'intéresse pas le moins du monde l'insecte roux et noir. Il ne se contente pas de ces derniers et mange aussi, évidemment, des espèces protégées très rares. Nos catégories – utile ou nuisible – lui sont inconnues. Mais le pouvoir de fascination qu'exerce une société de fourmis ne s'en trouve aucunement diminué.

Leurs parentes, les abeilles, vivent à peu près de la même façon et sont très bien étudiées. Elles connaissent aussi, dès le berceau, un strict partage des tâches. Prenons le cas de la reine, qui se développe à partir d'une larve normale fécondée. Alors que les autres bébés abeilles sont nourris avec un mélange de nectar et de pollen, la larve de laquelle doit un jour éclore une souveraine reçoit une sécrétion spéciale : la gelée royale, fabriquée dans les glandes hypopharyngiennes et mandibulaires des ouvrières. Tandis que les larves normales mettent vingt et un jours à devenir des insectes, ce régime express produit en seize jours une nouvelle reine. Celle-ci ne voyage qu'une fois dans sa vie : lors du vol nuptial, au cours duquel elle s'accouple avec les faux bourdons, les abeilles mâles. De retour au sein de la colonie, elle pond jusqu'à la fin de sa vie (qui dure quatre à cinq ans) jusqu'à deux mille œufs par jour, sauf durant une courte pause hivernale. Les ouvrières, pour leur part, triment toute leur courte vie. Les premiers jours suivant l'éclosion, elles prennent soin des larves, et dix jours plus tard, elles s'occupent aussi du stockage et de la transformation du nectar en miel. Ce n'est qu'au bout de trois petites semaines qu'elles ont le droit de sortir dans les prés et les champs pour vaquer à la récolte pendant trois nouvelles semaines. Puis, après s'être usées au travail, elles meurent. Seules les abeilles d'hiver, qui attendent le printemps suivant blotties en grappe autour de la reine, vivent un peu plus vieilles. Les faux bourdons, pour leur part, n'ont d'autre tâche que de féconder la reine, et comme cela n'arrive qu'une fois, et à une minorité d'entre eux, ils passent le plus clair de leur temps à glandouiller.

Tout est donc bien programmé, jusqu'à la moindre séquence. À l'intérieur de la ruche, les abeilles dansent pour se transmettre des informations sur les sources de nectar et leur éloignement. Elles transforment le nectar en miel en y additionnant des sécrétions glandulaires et en faisant sécher le mélange sur leur toute petite langue. Elles exsudent aussi de la cire, dont elles ont l'art de faire des rayons. La science reconnaît certes à sa juste valeur ces réalisations, mais, comme de si petits cerveaux ne sauraient, semble-t-il, atteindre le top niveau, le tout a été relégué au rang de super-organisme. Et les performances cognitives des abeilles qualifiées d'intelligence collective. Dans un organisme de ce type, tous les animaux œuvrent ensemble, de façon coordonnée, comme les cellules d'un corps plus grand. Si chaque animal est considéré en soi comme plutôt bête, on estime quand même que la coordination de leurs actions et la capacité à réagir aux stimuli environnementaux relèvent bel et bien de l'intelligence. C'est là une façon de priver l'individu de son individualité : il est réduit à n'être qu'un rouage dans la machine, une pièce du puzzle. En apiculture, on définissait d'ailleurs jadis la colonie comme un être unique.

Notre vision humaine des choses indiffère complètement les petites bêtes ailées et, depuis que j'ai des abeilles, je sais en outre que cette thèse est fausse. Car il s'en passe dans ces petites têtes ! L'abeille est parfaitement capable de se souvenir de certaines personnes : qui l'embête est attaqué, qui la laisse en paix peut se risquer bien plus près. Le professeur Randolf Menzel, de l'université libre de Berlin, a fait bien d'autres découvertes étonnantes… Les jeunes abeilles qui quittent la ruche pour la première fois se servent du soleil comme d'une sorte de boussole. Elles mettent au point, grâce à lui, une carte intérieure des alentours de leur logis, qui leur permet de retenir leurs itinéraires de vol[27]. En bref, elles se représentent leur environnement. En matière d'orientation, elles nous ressemblent, donc, puisque nous possédons, nous aussi, ce genre de carte intérieure. Mais ce n'est pas tout… Au moyen d'une danse exécutée à leur retour devant leurs congénères, les ouvrières donnent des indications sur l'abondance, la direction et l'éloignement de la source de nectar : un champ de colza à la floraison luxuriante, par exemple. Randolf Menzel et ses collaborateurs ont fait l'expérience de supprimer cette source. Les abeilles, qui sont rentrées frustrées, se sont alors procuré les coordonnées de nouveaux champs de fleurs auprès d'autres ouvrières, toujours grâce à leur danse. Aussi, quand les chercheurs supprimèrent aussi cette seconde source d'approvisionnement, la frustration gagna de nouveau les abeilles de retour à la ruche. Les observations de Menzel ne s'arrêtent pas là, tant s'en faut… Certaines abeilles firent une nouvelle tentative au premier endroit et, quand elles s'aperçurent qu'il n'y avait toujours rien, elles filèrent directement vers le second. Comment s'y sont-elles prises ? La danse de leurs semblables ne leur avait indiqué que la distance et la direction par rapport à la ruche. Seule explication possible : les petites bêtes ont su utiliser avec pertinence les informations concernant le second endroit pour le trouver à partir du premier[28]. On peut aussi dire qu'elles se sont souvenues, qu'elles ont réfléchi, puis conçu un nouvel itinéraire. L'intelligence collective n'a pu leur être, en l'occurrence, que de bien peu d'utilité. C'est bien de leurs petites têtes que naissent ces idées – et bien d'autres. Quand elle fait des projets, quand elle réfléchit à des choses qu'elle n'a pas encore vues et perçoit en même temps son corps, l'abeille est consciente d'elle-même. «L'abeille sait qui elle est», pour citer Randolf Menzel[29] – et elle n'a besoin pour cela ni de son essaim ni de l'intelligence collective.

Une idée derrière la tête

S<small>I MÊME LES ABEILLES SAVENT QUI ELLES SONT ET FONT DES</small> projets, qu'en est-il des oiseaux et des mammifères? Je me demande régulièrement, en observant les animaux, si chacun d'eux vit consciemment ce qu'il fait. C'est très difficile à déterminer pour un profane comme moi – car c'est bien ce que je suis, malgré tout mon intérêt pour la question. Mais me reposer uniquement sur des études ne me plaît guère: je préfère éprouver par moi-même la manière de penser de tel ou tel animal. Cela peut sembler ambitieux, alors que la tâche est déjà presque impossible entre humains, quand on se borne à observer autrui. Mais un jour, lors d'une discussion à la table du petit déjeuner, mes enfants m'ont rappelé que j'avais déjà vécu pareille expérience, ne serait-ce qu'un court moment.

Je leur parlais de la corneille qui nous attend, chaque matin, dans la pâture des chevaux. L'oiseau noir, qui se tient toujours à proximité en compagnie de quelques congénères, doit avoir son territoire dans les parages. Comme il est, hélas, toujours permis de les chasser et de les tuer, les oiseaux intelligents que sont les corneilles craignent beaucoup l'homme et respectent normalement une distance de sécurité d'une centaine de mètres. Mais celles de la pâture se sont habituées à nous au fil du temps et considèrent que trente mètres suffisent – à l'exception de l'une d'elles, qui est devenue de moins en moins farouche. Les bons jours, elle nous laisse approcher à cinq mètres, et nous en sommes chaque fois touchés. Nous lui parlons et déposons toujours à son intention un peu de céréales sur la barre d'attache des chevaux, qui se trouve à l'entrée de l'enclos. Hum, de la nourriture ? Je vous rassure tout de suite : non, cette corneille n'est pas apprivoisée, et ce n'est pas non plus la curiosité qui l'attache à nous, même si elle sait que notre apparition s'accompagne généralement de quelque chose à manger. Quoi qu'il en soit, nous nous réjouissons de la voir tous les jours, sans non plus nous emballer, et c'est bien comme ça. Car c'est ce qui m'a permis, ce fameux matin, d'observer une scène qui m'a d'abord simplement amusé. Nous étions en décembre, et des semaines de pluie avaient détrempé la prairie, à tel point que nos lourdes bottes de caoutchouc faisaient gicler la boue à chaque pas. Aller nourrir les chevaux dans ces conditions n'est pas toujours une partie de plaisir, surtout quand un vent de côté vous rabat de la bruine en plein visage. Mais qu'importe : les chevaux attendaient déjà leur ration matinale et, comme chacun sait, faire de l'exercice au grand air fait toujours du bien. Pour que la plus jeune jument n'engloutisse pas la ration de son aînée en plus de la sienne, il me faut attendre sur place et intervenir si Bridgi fait mine de se diriger vers Zipy. La plupart du temps, ma seule présence suffit à canaliser la plus jeune et, pendant que les chevaux prennent leur petit déjeuner, j'en profite pour regarder un instant le paysage… ou la corneille.

Ce matin-là, elle quitta la forêt voisine pour voler dans ma direction après avoir repéré de loin ma silhouette, ma veste vert et orange et le seau blanc que je portais à la main. Mais, au lieu de venir directement à son poste de guet habituel, un poteau proche de la barre d'attache des chevaux, elle se posa à vingt mètres de là, dans la pâture. J'avais immédiatement remarqué qu'elle avait quelque chose dans le bec : c'était un gland. La corneille essaya de cacher sa friandise, en creusant un trou dans la terre à grands coups de bec. Puis elle poussa le gland dedans et traîna une touffe d'herbe par-dessus. J'admirais son art du camouflage, quand la corneille se retourna vers moi. Avait-elle saisi que je l'avais observée ? Elle récupéra sur-le-champ le gland dans sa cachette et se mit à creuser un autre trou. Un seul ? Non, elle en creusa plusieurs et, chaque fois, fit semblant d'y pousser le gland. Le fruit ne disparut que dans le dernier, à la satisfaction de l'oiseau : il s'était donné beaucoup de mal pour me tromper et m'empêcher de manger son mets préféré. Seulement alors, la corneille prit son envol et vint se poser sur la barre d'attache pour manger sa petite ration de céréales.

Lorsque, un peu plus tard, je racontai cette petite histoire au petit déjeuner, mes enfants me dirent que c'était là un bel exemple de pensée tournée vers l'avenir. Ce n'est qu'alors que j'ai compris ! Sur le moment, je m'étais amusé de la manière dont l'oiseau avait caché son repas en ma présence, ce qui révélait déjà une remarquable intelligence. Il lui avait fallu réfléchir : qu'avais-je bien pu voir ? Et comment pouvait-il, alors même que je le voyais s'échiner, cacher le gland de manière à m'induire en erreur ? Mais la corneille avait poussé la réflexion bien plus loin. L'oiseau a, lui aussi, un estomac à la capacité limitée, et manger le gland l'aurait à l'évidence rassasié. Bien sûr, cela ne l'aurait pas empêché de voler jusqu'aux céréales promises, mais, l'estomac déjà plein, il n'aurait eu d'autre choix que de cacher celles-ci. Or cacher de petites graines une par une étant très difficile, l'oiseau avait commencé, malgré la faim, par mettre en lieu sûr le gros gland, avant de voler jusqu'à la barre d'attache pour se remplir la panse en paix. Il a ensuite rejoint ses semblables dans le pré voisin, et je suis sûr qu'il est revenu plus tard récupérer le gland. Planning parfait pour profiter au mieux de toute l'offre de nourriture – mais, pour ce faire, la corneille a bien dû se projeter en pensée dans le futur. Pour moi, cette histoire fut une belle invitation à regarder mieux encore désormais lorsque j'observe des animaux, et surtout à réfléchir davantage à ce que je viens de voir. Qui sait? Peut-être avez-vous, vous aussi, été confronté à ce genre d'épisodes; dans ce cas, même rétrospectivement, il est encore temps d'en percer le sens.

Le compte est bon

DANS MON LIVRE *LA VIE SECRÈTE DES ARBRES*, J'AI EXPLIQUÉ que les arbres savent compter. Ils retiennent, au printemps, le nombre de jours où la chaleur dépasse 20 °C et ne débourrent qu'au-delà d'un certain seuil. Si ces grands végétaux en sont capables, il est naturel de supposer que les animaux le peuvent aussi. Les hommes, en tout cas, ont ce fantasme depuis longtemps. D'ailleurs, les histoires d'animaux prodiges ne manquent pas, comme celle de Hans le Malin. Cet étalon savait épeler, lire et calculer – du moins selon les dires de son propriétaire, Wilhelm von Osten, qui fit de son cheval une véritable attraction à Berlin, en 1904. Une commission d'enquête de l'Institut de psychologie confirma les aptitudes de l'animal sans pour autant leur trouver d'explication. L'escroquerie finit quand même par être découverte : Hans le Malin réagissait à d'imperceptibles mouvements de tête de son propriétaire. Ses facultés disparaissaient dès que von Osten quittait son champ de vision[30].

Mais, à la fin du XXe siècle, les exemples confirmant au moins la capacité à compter de nombreuses espèces se multiplièrent. La plupart du temps, certes, il s'agissait d'évaluer une quantité de nourriture. Or reconnaître cette faculté aux animaux relève, me semble-t-il, de la banalité. Prendre plus plutôt que moins quand on a le choix, n'est-ce pas un mécanisme propre à l'évolution ? Il est bien plus intéressant de se demander si les animaux savent vraiment compter.

Nos chèvres nous offrent, je crois, quelques éléments de réponse. L'idée, d'ailleurs, ne vient pas de moi, mais de mon fils. C'est lui qui a découvert ce qu'il se passe peut-être dans la tête de Bärli, Flocon et Vito. Car, alors que j'étais parti en vacances avec le reste de la famille, c'est Tobias qui s'est occupé de notre petite arche de Noé. D'habitude, les chèvres ont droit, à midi, à une petite ration de céréales, qui marque pour elles le temps fort de la journée. Avides, elles arrivent en courant à l'heure de la collation, au moment où nous pénétrons dans la pâture. Le matin et le soir, en revanche, quand nous ne donnons à manger *qu*'aux chevaux voisins, c'est à peine si elles font attention à nous.

Tobias modifia les heures des repas pour les adapter à son propre rythme, chaque jour différent. Il est arrivé qu'il ne donne à manger aux chèvres qu'en début de soirée et aux chevaux en fin de soirée pour la seconde et dernière fois. Lorsqu'il arrivait pour la troisième fois dans la pâture en début de soirée, Bärli et sa clique se précipitaient sur lui, réclamant dans un concert de bêlements leur repas de céréales. C'était la deuxième fois que mon fils faisait son apparition ce jour-là, avec par conséquent la promesse pour elles de quelque délice, et ce indépendamment de l'heure. Les chèvres savent-elles pour autant compter ? Elles sont toujours prêtes à manger des céréales, mais, en l'occurrence, elles en réclamaient à une heure inhabituelle pour elles. Savaient-elles que Tobias n'était là que pour la deuxième fois, et qu'elles avaient donc droit à leur ration ? Si elles n'étaient mues que par la gourmandise, elles quémanderaient à manger, comme beaucoup d'animaux domestiques, chaque fois qu'un membre de la famille fait son apparition. Or elles ne se comportent de cette façon que lors d'une seule des trois visites quotidiennes : celle du milieu.

Quelle autre preuve d'intelligence des nombres avons-nous chez les créatures qui nous entourent ? Que les corvidés, en la matière, jouent dans la même cour que les hominidés est bien connu. Tournons-nous donc plutôt vers les pigeons. Ces oiseaux sont devenus un fléau des villes, et, je l'admets, recevoir une giclée de fiente sur sa veste neuve en attendant sur un quai, comme cela m'est arrivé récemment, n'a rien d'agréable. Pour autant, ces oiseaux n'ont pas mérité leur surnom de « rats des airs », et s'ils sont parvenus à s'établir dans nos zones piétonnes, c'est grâce à leur intelligence. Le professeur Onur Güntürkün de l'université de la Ruhr, à Bochum, présente, à cet égard, d'étonnants rapports de recherche. Son équipe exerça des pigeons à reconnaître des images sur lesquelles figurait un certain nombre de motifs abstraits. Une fois entraînés, les oiseaux furent capables – qui l'eût cru ? – de distinguer sept cent vingt-cinq représentations différentes, présentées par paires et réparties en « bonnes » et « mauvaises » images en fonction du nombre de motifs figurant sur chacunes d'elles. Les pigeons recevaient à manger quand un coup de bec était donné sur les bonnes ; dans le cas contraire, ils n'avaient rien et étaient en outre plongés dans l'obscurité (ce qu'ils ne supportent pas). Ils auraient pu se contenter d'identifier les bonnes, ce qui aurait parfaitement suffi pour réussir le test. Mais, en contrôlant, les chercheurs ont constaté que les oiseaux n'avaient pas triché et avaient bien retenu l'ensemble des images à motifs[31].

Notre chienne Maxi nous a fourni un tout autre exemple de sensibilité au nombre, en lien avec la notion du temps qui passe. La nuit, elle dormait comme un loir et se réveillait juste avant six heures et demie. Elle commençait alors à geindre doucement pour que je l'emmène se promener. Pourquoi six heures et demie ? C'était l'heure à laquelle sonnait le réveil chez nous, et où toute la famille se levait pour prendre le petit déjeuner, puis aller à l'école ou au travail. Maxi avait de toute évidence une bonne horloge interne, qui avançait toutefois de cinq minutes, si bien que nous aurions pu faire l'économie d'un réveil. Mais le week-end, c'était différent. Le réveil était éteint, et nous pouvions tous dormir autant que nous le voulions. Oui, tous. Car, le samedi et le dimanche, Maxi ne se manifestait pas, et dormait même souvent plus longtemps que nous. Avait-elle compté les jours de la semaine ? On pourrait objecter que l'animal s'adaptait simplement à notre comportement en dormant donc plus longtemps le week-end. Mais ça ne peut pas être aussi simple, puisque, en semaine, elle nous réveillait toujours *avant* que le réveil sonne, alors que tout le monde sommeillait encore. Dans la même situation, le week-end, elle s'abstenait. Et restait alors dans son panier à faire la grasse matinée, comme nous. Pourquoi ? Nous ne l'avons jamais su.

Juste pour le plaisir

LES ANIMAUX PEUVENT-ILS PRENDRE DU PLAISIR ? SE LIVRER à des activités gratuites, qui leur procurent joie et bonheur ? Pour moi, cette question est importante, car il s'agit de savoir si les animaux n'éprouvent des sentiments positifs qu'en lien avec la préservation de l'espèce (par exemple, le plaisir durant l'acte sexuel, pour favoriser la reproduction). S'il en était ainsi, la joie et le bonheur ne seraient que les accessoires d'un programme lancé instinctivement, la récompense garantissant son exécution. Nous autres, humains, sommes capables, au seul souvenir d'épisodes agréables, de ranimer les émotions qui leur sont associées et, ainsi, de nous rendre heureux tout seuls. À cela s'ajoute le plaisir des loisirs, tels les vacances au bord de la mer ou les sports d'hiver dans les Alpes. Serait-ce donc là notre apanage, le trait qui nous distingue des animaux ?

L'exemple des corneilles qui font de la luge me vient spontanément à l'esprit. Dans une vidéo, qu'on trouve aisément sur Internet, un oiseau de cette espèce s'adonne à ce jeu sur le toit d'une maison. S'étant saisi d'un petit couvercle rond, il le remonte à tire-d'aile jusqu'au faîte du toit, le place bien dans la pente et saute dessus pour se laisser glisser. À peine arrivé en bas, il remonte pour recommencer[32]. Y a-t-il un but à cela? Aucun, apparemment. Et le facteur plaisir? Il est vraisemblablement le même que pour nous, quand nous dévalons les collines sur un équivalent de bois ou de plastique à cette luge de fortune.

Pourquoi la corneille gaspillerait-elle de l'énergie à faire des choses qui ne lui servent à rien? La dure loi de l'évolution incite pourtant tout un chacun à faire l'économie des activités inutiles ou inefficaces. Nous, les hommes, ne respectons plus depuis bien longtemps cette loi à première vue intangible, car nous avons, du moins dans les pays riches, de l'énergie à revendre, que nous pouvons dépenser juste pour le plaisir. Pourquoi en serait-il autrement pour un oiseau intelligent, qui a stocké suffisamment de nourriture pour l'hiver et peut consacrer une partie de ces calories au plaisir et au jeu? De toute évidence, les corneilles peuvent, elles aussi, convertir l'excédent de leurs réserves en plaisir gratuit, et ainsi se rendre heureuses quand bon leur semble.

Qu'en est-il des chiens et des chats? Quiconque vit avec ces animaux connaît leur caractère joueur. Notre chienne Maxi aimait, elle aussi, faire des courses-poursuites autour de la maison. Comme elle savait qu'elle courait bien plus vite que moi, elle me laissait toujours une chance, pour qu'on ne se lasse pas trop vite. Elle décrivait autour de moi de grands cercles, et de temps en temps piquait une pointe vers moi. Quand j'étais sur le point de la toucher, elle esquivait au dernier moment, et je manquais mon coup. Le plaisir que Maxi prenait à ce passe-temps sautait aux yeux, et j'en ai, moi aussi, de très bons souvenirs. Mais j'aimerais trouver d'autres exemples, pour prouver l'existence de jeux complètement gratuits. Car il se peut que Maxi ait voulu, en se comportant de cette façon, consolider notre relation. Toute activité ludique pratiquée au sein d'un groupe peut, en effet, être considérée comme un facteur de ciment social, servant un objectif évolutionniste. L'énergie investie dans la cohésion de groupe produit, de fait, des communautés particulièrement résistantes aux menaces extérieures.

D'accord, mais revenons à nos corvidés. Les histoires de corneilles qui taquinent un chien ne manquent pas. Elles s'approchent en douce par-derrière et lui pincent la queue. Évidemment, le chien ne se retourne pas assez vite, et l'oiseau a beau jeu de recommencer. Il ne s'agit là ni d'établir un lien social ni de s'entraîner d'une façon ou d'une autre : savoir se protéger d'un chien qui se retourne ne fait pas partie des apprentissages fondamentaux pour un oiseau. Non, c'est tout autre chose qui semble intervenir ici : les corneilles sont manifestement capables de se mettre à la place du chien, de comprendre qu'il sera toujours plus lent qu'elles et que ça l'énerve. C'est uniquement pour cette raison qu'elles s'amusent à revenir le provoquer et se réjouissent par avance de sa réaction. Et le phénomène n'a rien d'exceptionnel, comme le prouvent nombre de vidéos sur Internet.

Du désir

CHEZ LES ANIMAUX, LE SEXE N'EST PAS PUREMENT AUTOMA-tique. Les études scientifiques consacrées à l'accouple-ment donnent pourtant à penser qu'il s'agirait là d'une opération dénuée de toute sensibilité : les hormones déclenchent des réactions instinctives auxquelles l'ani-mal ne peut se soustraire, et voilà tout. En va-t-il autre-ment chez l'homme ? Il me suffit de repenser au couple sur lequel je suis tombé il y a quelques années, en forêt… Je voulais juste vérifier qui avait garé sa voiture là, dans le sous-bois, quand deux visages écarlates ont surgi derrière le capot. Je connaissais ces gens : un homme et une femme, originaires de villages voisins et respecti-vement mariés à d'autres (ils le sont toujours). Ils arran-gèrent leurs vêtements à la hâte et montèrent sans un mot dans leur voiture, avant de disparaître. Ne voulant pas compromettre leurs mariages, ils s'étaient manifestement mis en quête d'un petit coin isolé pour s'adonner à leurs ébats. Bien que le risque d'être surpris ne fut pas nul, avec les lourdes conséquences personnelles que cela aurait, ils avaient tous deux été submergés. Cette anecdote est pour moi un bon exemple : elle montre à quel point nous sommes, nous aussi, soumis à nos instincts.

Ces comportements sont déclenchés par un cocktail hormonal, qui provoque un plaisir et un bonheur suprêmes. Dans quel but, d'ailleurs ? S'il faut absolument que les êtres vivants s'accouplent, cela pourrait se faire de façon tout aussi involontaire que la respiration ; or notre corps ne se met pas en peine de nous envoyer des substances agissant comme des drogues pour que nous inspirions. Non, l'accouplement est quelque chose de particulier, et cela parce que toutes les espèces se retrouvent sans défense dans cette situation. C'est ainsi que les sadomasochistes du règne animal, c'est-à-dire les escargots, s'enfoncent en pleine étreinte un dard calcaire dans le corps pour se stimuler. Le paon et le grand tétras commencent par attirer l'attention des femelles en faisant la roue, c'est-à-dire en déployant leurs plumes rectrices, avant de leur sauter dessus. Chez les insectes, l'un se colle au dos de l'autre tandis que, chez les crapauds, le mâle fou d'amour se cramponne à la femelle sous l'eau. Il arrive que plusieurs mâles entassés ne lâchent plus prise et pèsent de tout leur poids sur la femelle, qui finit noyée.

Du côté des chèvres, proches des cervidés à bien des égards, nous assistons chaque année, à la fin de l'été, à une opération de longue haleine. Notre bouc Vito se transforme pour l'occasion en une espèce de chose puante. Pour plaire à ces dames, il parfume sa tête et ses pattes avant d'une senteur particulière : sa propre urine. Il ne se contente pas de s'asperger de liquide jaune : l'intérieur de sa gueule y passe aussi. Ce qui, à nous, nous donne la nausée fait manifestement son petit effet sur les chèvres. Celles-ci se frottent la tête à son pelage pour absorber l'odeur. De toute évidence, la production hormonale des différents partenaires s'en trouve stimulée, et les sangs commencent à bouillir. Le bouc vérifie régulièrement de son mufle si l'une des chèvres est prête à le laisser s'introduire. Il la pousse dans le pré et bêle en tirant la langue, en une scène plutôt grotesque, il faut l'admettre.

Si jamais l'élue de son cœur s'arrête et se baisse pour pisser, il glisse son mufle dans le jet, puis vérifie, en s'ébrouant, la lèvre supérieure retroussée, si la situation hormonale est prometteuse. Ce n'est qu'au bout de plusieurs jours que la chèvre finit par offrir à Vito quelques secondes de bonheur.

Mais revenons à nos affaires : pourquoi une récompense émotionnelle de nature hormonale est-elle nécessaire, sachant que, par ailleurs, l'accouplement met les individus en danger ? Le prélude, en effet, auquel se livrent souvent les mâles pour séduire n'attire pas que des femelles. Les prédateurs affamés apprécient eux aussi ces signaux hauts en couleur et bruyants, présages d'un succulent repas. Et le fait est que bon nombre de mâles des espèces les plus diverses passent directement de la scène forestière où ils font leur show à l'estomac d'un oiseau ou d'un renard. Le danger grandit encore au moment de l'acte lui-même : les partenaires accrochés l'un à l'autre, quelques secondes ou bien de longues minutes, sont presque dans l'impossibilité de prendre la fuite en cas d'attaque.

Les animaux font-ils le lien entre accouplement et progéniture ? Nous l'ignorons. Et dans quel autre but que de se reproduire prendraient-ils un tel risque ? Seule la sensation puissante et addictive de l'orgasme peut les pousser, au mépris de toute prudence, à s'adonner à ce plaisir. Pour moi, il ne fait aucun doute que les animaux vivent des sensations intenses au cours de l'acte sexuel. Il existe, d'ailleurs, un autre indice de poids allant en ce sens : on a déjà observé bien des espèces se livrer au plaisir solitaire. Qu'il s'agisse de cerfs, de chevaux, de chats sauvages ou d'ours bruns : on les a tous vus se toucher de la main, ou plutôt de la patte, ou encore s'aider d'accessoires naturels comme les troncs d'arbre. Les récits et, plus encore, les études sur le sujet sont, hélas, fort rares – peut-être parce que la masturbation demeure un sujet tabou chez nous, les hommes ?

À la vie, à la mort

PEUT-ON PARLER DE MARIAGE À PROPOS DES COUPLES D'ANI-maux ? Pour le dictionnaire, le terme désigne une union légitime entre un homme et une femme dans les conditions prévues par la loi, et, pour Wikipédia, «une union conjugale rituelle et contractuelle». S'il n'y a pas, dans le monde animal, de reconnaissance légale d'un mariage, il existe bel et bien une communauté de vie particulièrement solide. Le grand corbeau nous en fournit un exemple très touchant. C'est le plus grand oiseau chanteur du monde, et il est passé tout près de l'extinction en Europe, au milieu du XXᵉ siècle. Il fut accusé à tort de tuer du bétail, y compris de gros bovins, mais on sait aujourd'hui que ce n'était qu'une légende, inspirée sans doute par ce fait : les corbeaux sont les vautours du Nord et se nourrissent partiellement de charognes ou d'animaux agonisants. Il n'en fut pas moins, à une époque, cruellement chassé, à l'aide d'armes à feu et même de poison.

Ces campagnes menées contre des espèces animales jugées nuisibles eurent plus ou moins de succès. Au XXᵉ siècle, on a voulu, par exemple, se débarrasser du renard, sous prétexte qu'il peut transmettre la rage. On lui tirait dessus chaque fois qu'il se montrait (c'est encore parfois le cas), on fouillait les tanières et on tuait les petits trouvés à l'intérieur, notamment par injection de gaz toxique dans les abris souterrains. Le renard n'en a pas moins survécu, parce qu'il s'adapte très bien et se reproduit rapidement. Et, surtout, parce qu'il change de partenaires sexuels. Les grands corbeaux, eux, sont des âmes fidèles, qui restent toute leur vie avec leur partenaire, ce pourquoi l'on parle, à leur sujet, de vrai mariage. Et ce qui, par ailleurs, leur fut fatal durant la campagne d'extermination menée contre eux. Car, quand l'un des deux membres du couple était abattu ou empoisonné, il était fréquent que l'autre ne cherchât pas de nouveau partenaire, préférant tourner tout seul dans le ciel. Les nombreux célibataires cessant de contribuer à la reproduction, la raréfaction de l'espèce s'en trouva accélérée.

Aujourd'hui, les grands corbeaux, qui font l'objet d'une protection stricte, se sont de nouveau répandus dans tous leurs habitats d'origine. Je me souviens encore de ces voyages en Suède, avec nos enfants… et du cri des corbeaux tandis que nous filions en canoë sur des lacs isolés : j'étais complètement envoûté ! D'où mon excitation quand, il y a quelques années, j'ai pour la première fois entendu ces oiseaux dans mon district, à Hümmel ! Depuis lors, ils sont devenus pour moi un symbole : le signe que la nature peut se remettre de nos offenses, et que la destruction de l'environnement n'est pas nécessairement irréversible.

Les animaux monogames ne sont pas rares, et il existe, notamment chez les oiseaux, plusieurs espèces proches du grand corbeau en la matière, même si elles se montrent un peu moins résolues. Certains gardent le même partenaire au moins pour la saison de couvaison : c'est le cas de la cigogne blanche. Mais, une fois la saison passée, celle-ci ne reste fidèle qu'à son nid : s'il arrive que d'ex-partenaires se retrouvent, c'est uniquement parce que chacun, au printemps suivant, remet le cap sur l'ancien nid. Mais il peut y avoir des surprises… comme le révèle cette anecdote, rapportée par une employée du zoo de Heidelberg. Une cigogne mâle construisit un nid, au printemps, avec une nouvelle partenaire, l'ancienne s'étant manifestement égarée durant la migration. La retardataire se pointa finalement en plein rendez-vous intime, et le mâle ne sut plus où donner de la tête. Pour satisfaire l'une et l'autre, il construisit un second nid et eut bien du mal à s'occuper de ses deux familles[33].

Pourquoi toutes les espèces d'oiseaux ne sont-elles pas aussi fidèles ? Et qu'entend-on exactement par « fidèle » ? Ce n'est pas parce qu'elles ne se lient pas à vie que les mésanges, par exemple, sont des compagnes infidèles. Que l'attachement dépasse une saison s'explique aussi par la durée de vie moyenne. Alors que le grand corbeau peut vivre plus de vingt ans, y compris à l'état sauvage (avec les dangers que cela implique), pour d'autres espèces, généralement petites, c'en est souvent fini au bout de cinq ans maximum. Si l'on se lie pour la vie alors que la probabilité de perdre son partenaire est très élevée, les célibataires en vadrouille seront bientôt légion dans le ciel. Et, comme c'est très mauvais pour la préservation de l'espèce, les dés sont relancés chaque printemps, pour savoir qui ira avec qui. En fonction de qui a survécu à l'hiver et à la migration. Il est peu probable que la mésange charbonnière et le rouge-gorge pleurent leur partenaire perdu de l'année précédente.

Qu'en est-il chez les mammifères ? Les unions semblables à celles des corbeaux sont exceptionnelles : les castors nous en fournissent un exemple. Ceux-ci se cherchent un partenaire pour la vie, avec lequel ils restent parfois jusqu'à vingt ans. Leurs petits non plus ne déménagent pas et vivent avec leurs parents dans de confortables huttes au bord de l'eau. La plupart des autres espèces sont presque incapables d'établir une relation – du moins avec l'autre sexe. Chez les cerfs, seule compte la loi du plus fort. Quand il a chassé ses rivaux, un cerf puissant jouit de son harem de biches jusqu'à ce qu'un congénère encore plus fort prenne sa place. Le statut de leur partenaire laisse visiblement les biches indifférentes : elles se laissent aussi bien couvrir par un jeune blanc-bec qui profite d'un moment d'inattention du mâle dominant pour saisir sa chance. L'élevage des faons sera de toute façon l'affaire exclusive des biches, car, au moment des naissances, les pères seront repartis vagabonder en forêt, entre mâles.

Nom et conscience de soi

POUR NOUS, C'EST UNE ÉVIDENCE DE POUVOIR S'ADRESSER les uns aux autres pour communiquer. Dans les communautés importantes, une prise de contact ciblée suppose que chacun ait un nom personnel, qui permette de l'appeler pour attirer son attention. Que ce soit par e-mail, sur WhatsApp, au téléphone ou en direct, rien ne fonctionne si l'on ne s'adresse pas directement à son interlocuteur. On s'en rend bien compte quand, d'aventure, on oublie le nom d'une personne rencontrée au préalable et de nouveau croisée par hasard. Le fait de nommer est-il un phénomène spécifiquement humain ou existe-t-il aussi au sein du règne animal ? Toutes les espèces vivant en société sont, après tout, confrontées au même problème.

La dénomination existe sous une forme simple chez les mammifères, entre la mère et son petit. La mère émet un son caractéristique ; le petit le reconnaît et y répond d'un son clair, qui lui est propre. Mais s'agit-il vraiment de noms, ou bien est-ce juste le son de la voix qui est ici reconnu ? À l'appui de cette hypothèse, ce « nom » semble s'estomper au fil du temps, au sein de la relation mère-petit. Quand les petits sont adultes et sevrés, la mère ne répond plus à leur appel. Or, quelle serait la valeur d'un nom auquel personne ne réagit quand on le clame ? Un cri qui ne rencontre d'écho que temporaire mérite-t-il un tel titre ?

Même si ceux-ci ne comptent pas, de vrais noms n'en existent pas moins dans le règne animal. Les chercheurs ont fait des découvertes en la matière, portant une fois de plus – ce n'est pas un hasard – sur les grands corbeaux. Les liens étroits que ces corvidés nourrissent à vie, non seulement entre parents et juvéniles mais aussi entre amis, constituent, en effet, un terrain d'observation privilégié pour la question qui nous intéresse. Quand on veut se faire comprendre de loin et, surtout, s'identifier les uns les autres, crier son nom est encore l'idéal. Les oiseaux noirs maîtrisent plus de quatre-vingts cris différents – autant parler de « mots de corbeaux ». Parmi eux, un cri de reconnaissance personnel leur permet de s'annoncer entre congénères. S'agit-il déjà là d'un véritable nom ? Ce ne peut l'être au titre où nous autres, humains, l'entendons que si des corbeaux s'adressent à leur interlocuteur en utilisant son cri de reconnaissance ; or c'est bien ce que font les corbeaux[34]. Ils retiennent d'ailleurs le nom de leurs congénères pendant des années, même quand le contact a été interrompu. Si une connaissance arrive au loin et crie son nom, il y a deux réponses possibles : si le revenant est un ancien ami, on lui répond d'une voix aiguë et aimable ; si, en revanche, ce corbeau n'était pas apprécié, il est accueilli d'un ton rauque et grave. Des observations similaires ont du reste été faites chez nous, les hommes[35].

Il est assez difficile de savoir quels noms les animaux s'attribuent entre eux. Il est bien plus facile de les appeler toujours par le même nom et de voir s'ils réagissent. Quand on n'a qu'un seul animal domestique, on se heurte à un nouvel obstacle : comment savoir, par exemple, si notre chienne Maxi entendait bien son nom, quand on le prononçait, et pas plutôt « Salut ! » ou « Viens ici » ? C'est sans doute plus facile à déterminer quand on a plusieurs chiens… Mais j'aimerais plutôt ici revenir aux cochons, des animaux particulièrement intelligents, dont des chercheurs ont justement étudié la capacité à répondre à leur nom – des travaux motivés par le chaos qui règne parfois dans les porcheries modernes. Autrefois, la nourriture était versée dans une longue rigole, de manière à ce que les animaux puissent manger tous en même temps. De nos jours, tout est entièrement automatisé et assisté par ordinateur pour chaque cochon, mais comme ces appareils sont très chers, leur nombre est limité, si bien que tous les occupants ne sont pas nourris en même temps. Ils sont obligés de faire la queue, or, quand ils ont l'estomac qui gargouille, les cochons ne sont pas plus patients que nous. Ils se bousculent dans la file, et il arrive même qu'ils se blessent. Pour éviter ce tumulte, des chercheurs de l'institut Friedrich-Loeffler ont essayé d'enseigner les bonnes manières aux animaux dans une ferme expérimentale située à Mecklenhorst, en Basse-Saxe. Là, huit à dix cochons, âgés de un an, apprirent leurs noms dans de petites « salles de classe ». Les jeunots retinrent particulièrement bien les noms féminins à trois syllabes. Au bout d'une semaine de pratique, les animaux retournèrent à la porcherie, au sein d'un plus grand groupe, et il ne resta plus qu'à attendre l'heure du repas… Chaque animal fut appelé à son tour. Et ça a marché ! Dès que « Brunhilde », par exemple, retentissait dans le haut-parleur, seul l'animal appelé se levait pour se précipiter vers l'auge, tandis que les autres continuaient à vaquer à leur occupation du moment, à savoir, pour nombre d'entre eux, somnoler. Chez l'animal appelé, on notait une accélération du pouls, tandis que la fréquence cardiaque des autres cochons ne s'élevait pas. Le taux de réussite de ce nouveau système, promettant l'ordre et le calme dans les porcheries, fut tout de même de quatre-vingt-dix pour cent[36].

Que nous apprend de plus cette émouvante découverte ? Savoir que l'on est relié à un certain nom suppose l'existence d'une conscience de soi, laquelle est un cran au-dessus de la conscience. Alors que cette dernière définit le processus de pensée, la conscience de soi implique, en outre, de reconnaître sa propre personnalité, son moi. Pour vérifier si les animaux possèdent cette faculté, des chercheurs ont conçu le test du miroir. Qui reconnaît que le reflet dans la glace n'est pas un congénère, mais l'image de son propre corps est probablement capable de réfléchir sur lui-même. C'est le psychologue Gordon Gallup qui a inventé cette méthode en apposant une tache de couleur sur le front de chimpanzés endormis. Il plaça ensuite un miroir devant les animaux inertes et attendit de voir quelle serait leur réaction au réveil. À peine les singes clignaient-ils d'un œil fatigué en direction de leur image qu'ils se mettaient immédiatement à gratter la peinture sur leur front. Ils avaient, à l'évidence, tout de suite compris que ceux qui les regardaient là, dans la glace, n'étaient autres qu'eux-mêmes. Depuis, on considère la réussite d'animaux à ce test comme la preuve qu'ils ont conscience d'eux-mêmes. Soit dit en passant, les petits enfants ne réussissent ce test qu'à partir de dix-huit mois environ. Les hominidés, les dauphins et les éléphants, qui l'ont passé avec succès, ont gagné toute l'estime des chercheurs.

Que des corvidés comme la pie et le grand corbeau reconnaissent, eux aussi, leur reflet fut une surprise. On qualifie depuis ces oiseaux de « singes des airs », du fait de leur intelligence[37]. Ensuite, les scoops se firent attendre… jusqu'à la mention soudaine des cochons dans les comptes rendus d'expérience. Des cochons ? Absolument : eux aussi réussissent le test, même si le titre de « singes de l'élevage intensif » n'a pas encore cours ! Et pour cause : comment, sinon, pourrions-nous continuer à traiter ces animaux avec une telle insensibilité ? On ne concède même pas à ces animaux intelligents le fait qu'ils ressentent la douleur, comme le prouve le droit, courant jusqu'en 2019 au sein de l'Europe, de castrer sans anesthésie des porcelets de quelques jours : ça va plus vite et c'est moins cher.

Mais revenons à notre miroir. Les cochons savent s'en servir, donc, mais pas seulement pour se regarder dedans. Donald M. Broom et son équipe de l'université de Cambridge ont caché à manger derrière une barrière. Puis des cochons ont été installés de telle sorte qu'ils ne puissent voir la nourriture que dans un miroir posé devant eux. Sept des huit cochons comprirent en quelques secondes qu'il leur fallait se retourner et se rendre derrière la barrière pour avoir accès aux friandises. Pour ce faire, il leur fallut non seulement se reconnaître dans le miroir, mais aussi réfléchir à leur environnement et à leur propre situation dans l'espace[38].

Pour autant, nous ne devrions pas accorder trop d'importance au test du miroir ni, surtout, en tirer des conclusions définitives sur les animaux qui ne le réussissent pas. Si l'on appose un tampon sur le front de chiens, par exemple, et qu'ils se regardent sans réagir, cela ne veut rien dire du tout. Comment savoir si ce point au-dessus de leur museau les gêne ? Et même si c'est le cas, il est possible qu'ils ne sachent pas quoi faire du miroir, qu'ils n'y voient qu'une image colorée ou, au mieux, un film comme à la télé.

Revenons à la dénomination, et retrouvons cette fois-ci les écureuils canadiens. L'étude des cas d'adoption internes à l'espèce a, en effet, permis de constater que les lutins des arbres n'acceptent que les bébés de leur famille. Mais comment savent-ils lesquels sont leurs nièces, leurs neveux ou leurs petits-enfants ? Les chercheurs de l'université McGill supposent que ce sont les sons émis par les animaux adultes qui sont ici déterminants. Les écureuils, qui vivent en solitaires, poussent des cris caractéristiques leur permettant de se reconnaître entre membres d'une même famille. Ils se voient rarement, car leurs territoires se recouvrent à peine, si bien qu'il ne leur reste que l'acoustique. Il est d'autant plus étonnant de voir certains animaux partir en quête de leurs proches quand ces cris familiers ne se font plus entendre. Il leur faut alors quitter leur territoire pour entrer en zone étrangère. Se font-ils du souci ? On en est encore au stade de la spéculation, mais quand ils tombent sur des orphelins au cours de leur expédition, ils prennent ces jeunes sans défense sous leur protection[39].

Comme en bien d'autres domaines, la science n'en est qu'à ses balbutiements sur le sujet. Nommer et se nommer relève d'une forme de communication avancée, que beaucoup d'animaux maîtrisent, comme nous l'avons vu. Les poissons, prétendument muets, ne sont pas en reste, même si l'on sait seulement à ce jour qu'ils produisent des sons pour trouver un partenaire ou défendre leur territoire.

Du deuil

Les cerfs sont des animaux sociaux. Ils forment de grandes hardes et se sentent particulièrement bien ensemble, même s'il existe chez eux une nette séparation entre les sexes. Après l'âge de deux ans, les mâles deviennent turbulents et prennent le large pour s'associer, de façon informelle, à des congénères de même sexe. Avec l'âge, ils deviennent individualistes et préfèrent la solitude ; ils ne tolèrent que de temps à autre un cerf plus jeune à leur côté, que les chasseurs appellent « l'adjudant ».

Les femelles se montrent beaucoup plus constantes. La harde est une communauté stable, conduite par une mère de grande expérience. Elle transmet à de plus jeunes biches les traditions héritées de celles qui l'ont précédée, notamment les itinéraires empruntés depuis des décennies. Ces chemins permettent d'accéder à de l'herbe tendre et à leurs quartiers d'hiver. En cas de danger, les animaux apeurés se réfèrent aussi à celle qui commande : c'est elle qui sait le mieux ce qu'il faut faire, car elle a la mémoire de situations similaires et des agresseurs potentiels. Il ne s'agit pas forcément de prédateurs. J'ai, par exemple, régulièrement observé que les hardes quittent les terres sur lesquelles commence une battue, alertées par la sonnerie traditionnelle du cor qui ouvre la chasse et met en liesse le cœur des participants. Ces notes de cor donnent le signal du départ à la matriarche, ce qui prouve en passant que ces animaux sont capables, même au bout d'un an, de se souvenir d'une mélodie particulière.

Les biches dominantes doivent présenter, outre leur âge et leur expérience, un attribut supplémentaire : leur progéniture. Indispensable, elle est le signe que cette femelle peut être responsable non seulement d'elle-même, mais aussi d'autres membres de la harde. Pour certains zoologues, c'est un hasard que ceux-ci la suive : comme ils ne se sentent bien qu'en société et que la biche la plus âgée guide son faon, les autres se joignent à eux sans but bien précis, pour la seule raison qu'ils sont déjà deux à courir dans la même direction. Je suis, pour ma part, convaincu que les membres de la harde sentent parfaitement que la biche de tête jouit d'une expérience particulière. C'est elle qui prend les décisions et, quand elle marche devant, tout le monde s'en porte bien. L'animal le plus âgé, objecteront certains chercheurs, est particulièrement vigilant et réagit de ce fait le premier quand il s'agit de prendre la fuite. Rien d'étonnant à ce que les autres le suivent, par simple prudence. La meneuse n'exercerait donc là qu'une sorte de commandement involontaire[40]. Je ne suis pas de cet avis. Certes, les biches ne se battent pas pour la suprématie au sein de la harde, et la hiérarchie s'installe calmement, sans que nous sachions bien comment. Mais s'il ne s'agissait que d'une sorte de principe aléatoire, les animaux se joindraient tantôt à tel individu, tantôt à tel autre. Y compris à une jeune biche inexpérimentée qui, craintive et nerveuse, se précipiterait bille en tête. Or une position dominante digne de ce nom se caractérise par tout autre chose : le fait, justement, de ne pas perdre inutilement son sang-froid. Car, qui passe en mode panique à la moindre alerte a moins de temps pour manger et, par conséquent, moins d'énergie pour assurer sa survie.

Non, c'est bien l'expérience acquise avec l'âge qui suscite le consensus silencieux et l'obéissance. Mais il arrive que la biche dominante vive un drame : la mort de son faon. Jadis, cette mort était surtout le fait d'une maladie ou d'un loup venu apaiser sa faim, mais, de nos jours, c'est souvent le coup de fusil d'un chasseur qui en est la cause. Chez les cerfs commence alors le même processus que chez nous, les hommes. C'est d'abord un incroyable désarroi, puis le deuil commence. Le deuil ? Les cerfs peuvent-ils éprouver quelque chose de tel ? Non seulement ils le peuvent, mais ils n'ont pas le choix : le deuil les aide à faire leurs adieux. Le lien qui unit la biche à son petit est si fort qu'il ne peut se dénouer d'un instant à l'autre. Il faut d'abord que la biche comprenne doucement que son faon est mort et qu'il lui faut se séparer du petit corps. Elle ne cesse de revenir sur les lieux du drame et appelle son petit, même si le chasseur l'a déjà emporté.

Mais, en restant auprès de leur faon mort et, par là même, du danger, les dominantes endeuillées mettent le clan en péril. Elles devraient emmener la harde en lieu sûr, mais elles en sont incapables tant que le lien avec leur petit n'est pas définitivement dénoué. En pareille circonstance, un changement s'impose à la tête du clan, et il se produit sans conflit. Une autre biche à l'expérience comparable prend son tour sans plus de formalité et se charge de diriger la communauté.

Dans le cas inverse, c'est-à-dire si la biche dominante meurt et laisse son petit derrière elle, celui-ci est traité sans la moindre pitié. Pas question de l'adopter, bien au contraire : le petit orphelin est souvent exclu de la harde. Est-ce pour mettre un terme définitif à cette dynastie ? Livré à lui-même, le faon n'a presque aucune chance de survivre à l'hiver suivant.

Honte et regrets

À DIRE VRAI, JE N'AI JAMAIS VOULU DE CHEVAUX. ILS SONT trop grands et trop dangereux pour moi, et faire de l'équitation ne m'intéressait pas non plus – enfin, jusqu'au jour où nous en avons quand même acheté deux. Ma femme Miriam rêvait depuis longtemps de vivre avec des chevaux, et nous pouvions louer un pâturage assez grand tout près de chez nous. Là-dessus, nous apprîmes qu'à quelques kilomètres de là, un homme voulait vendre ses chevaux : le moment idéal semblait arrivé. Zipy, une jument quarter horse, n'avait que six ans et était débourrée. Son amie Bridgi, une jument appaloosa âgée de quatre ans, à qui l'on avait diagnostiqué une douleur dorsale, était réputée immontable. Voilà qui convenait parfaitement ! Il nous fallait deux chevaux : les animaux grégaires ne devraient jamais vivre isolés. Et qu'un seul puisse être monté ne me dérangeait pas, puisque j'étais hors course question équitation.

Mais rien ne s'est passé comme prévu. Notre vétérinaire examina les chevaux et conclut que Bridgi était, elle aussi, en pleine forme. Plus rien ne s'opposait à ce qu'elle fût débourrée à son tour. C'est ainsi que je m'initiai en même temps qu'elle, sous la direction d'une monitrice. J'appris à monter, mais pas seulement… Les soins quotidiens firent naître un lien très étroit entre l'animal et moi, si bien que ma peur finit par complètement disparaître. J'appris à quel point les chevaux sont sensibles et réagissent à la moindre indication. Si ma femme ou moi étions inattentifs ou énervés, ils n'écoutaient pas nos ordres ou bien nous bousculaient sans ménagement à l'heure des repas. Et c'était la même chose au moment de les monter : les chevaux se fiaient à nos tensions physiques pour savoir si une indication (un léger transfert de poids dans la direction désirée, par exemple) devait être prise au sérieux ou non. Avec le temps, nous avons appris en retour à être attentifs à Zipy et Bridgi. En plus d'apprendre à soigner les chevaux, nous avons découvert la vaste étendue de leur sensibilité.

Les chevaux ont un sens aigu de l'équité, qui se manifeste dans les situations les plus diverses. À l'heure des repas, notamment. Zipy, qui a maintenant vingt-trois ans, n'assimile plus aussi bien l'herbe de la pâture et maigrirait lentement si nous n'y remédiions pas. Nous lui donnons donc, chaque midi, une bonne ration de céréales. Si Bridgi, qui a trois ans de moins, assiste au repas, elle fait n'importe quoi : elle piaffe, elle couche les oreilles (en signe de défi)… Bref, nous fait savoir qu'elle est furieuse. Nous lui donnons donc une poignée de céréales, que nous disséminons en ligne par terre. En récupérer chaque grain entre les brins d'herbe l'occupe aussi longtemps que sa vieille congénère, qui a droit à une plus grande quantité, et ce dans sa mangeoire. Tout rentre dans l'ordre, y compris pour Bridgi.

C'est la même chose lors des entraînements. Si se déplacer dans le petit manège plaît visiblement aux chevaux, ce n'est pas pour l'exercice en soi. Ils en font suffisamment par ailleurs, puisqu'ils passent toute l'année dans une grande pâture. Non, ce que les chevaux aiment beaucoup, c'est l'attention que nous leur accordons en les faisant répéter, ce sont les félicitations et les caresses qui accompagnent chaque réussite.

En passant du temps avec les chevaux, un autre sentiment nous a frappés chez eux : ces animaux peuvent éprouver de la honte, et cela dans les mêmes situations que nous. Bridgi, de rang inférieur à Zipy, se comporte parfois, malgré ses vingt ans, comme une jeunette qui ne songe qu'à faire des bêtises. Elle ne vient pas tout de suite quand on l'appelle, préférant galoper encore un peu dans la pâture ; elle essaie de manger sans en avoir obtenu l'autorisation. Il nous faut alors la remettre à sa place en la faisant patienter pour manger, par exemple, le temps qu'elle change de comportement. En temps normal, elle digère facilement les réprimandes, mais quand son aînée la regarde, elle tourne la tête de gêne et se met à bâiller. Elle montre clairement à quel point elle est embarrassée. N'ayons pas peur des mots : Bridgi a honte !

Si l'on songe à des situations similaires chez l'homme, on notera qu'éprouver de la honte implique en général la présence d'autrui, sans qui les faits n'auraient rien de gênant. Il en va visiblement de même chez les chevaux, comme, à mon avis, chez nombre d'animaux vivant en société. Les ressorts de cette émotion ne sont, hélas, pas encore étudiés chez eux, mais ils le sont chez l'homme, ce qui nous donne une idée du mécanisme de la honte : l'individu concerné a enfreint les règles de la société, il rougit et baisse les yeux. En bref, il signale qu'il se soumet. Les autres membres du groupe, constatant que celui qui a mal agi est tourmenté, éprouvent généralement de la compassion à son égard et sont dès lors mieux disposés à lui pardonner. En fin de compte, la honte est une sorte de processus d'autopunition et de pardon. On en reconnaît encore rarement l'existence chez les animaux, car, pour avoir honte, il faut être capable de réfléchir à ses actes et à leurs conséquences sur autrui[41]. À ma connaissance, aucune étude n'est malheureusement en cours à ce sujet. Mais il y a de quoi dire sur un sentiment proche : le regret.

À qui n'est-il jamais arrivé de prendre une mauvaise décision et de s'en mordre les doigts ? Le regret est un sentiment qui nous préserve généralement de faire deux fois la même erreur : on économise de l'énergie en évitant d'agir de nouveau dangereusement ou en dépit du bon sens. C'est tellement logique qu'il paraît naturel de supposer l'existence d'un sentiment similaire dans le règne animal. Pour tester cette hypothèse, des chercheurs de l'université du Minnesota à Minneapolis ont observé des rats. Ils leur ont construit un dispositif expérimental spécial, baptisé « Restaurant Row » : un circuit desservant quatre salles où leur était distribuée de la nourriture. Quand un rat pénétrait dans l'une d'elles, un son retentissait, d'autant plus aigu que le temps d'attente serait long avant d'être servi. Les rongeurs se comportèrent comme nous. À bout de patience, certains changèrent de pièce, dans l'espoir d'être servis plus vite. Mais quelquefois, le son y était encore plus aigu, et le temps d'attente, donc, encore plus long. Les rats jetaient alors des regards nostalgiques en direction de la pièce précédemment choisie ; ils se montraient aussi davantage disposés à ne plus changer de « restaurant » et à attendre longtemps d'être servis. Nous avons des réactions semblables, par exemple quand nous changeons de file à la caisse d'un supermarché avant de constater que nous avons fait le mauvais choix. On découvrit aussi chez les rats des schémas d'activité cérébrale similaires à ceux qui s'activent chez nous quand on repense à une situation passée. C'est toute la différence avec la déception : alors que cette dernière se manifeste quand on ne reçoit pas ce que l'on espérait, le regret survient quand on s'aperçoit en plus qu'une meilleure alternative existait. Or, de cela, les rats sont justement capables, comme l'ont montré les chercheurs Adam P. Steiner et David Redish[42].

Si des rats manifestent ce genre de sentiments, ne faut-il pas, a fortiori, s'attendre à les trouver chez le chien ? La plupart des maîtres, en effet, confirmeront que les chiens regrettent leurs mauvais comportements et manifestent leurs remords par cette mine typique de « chien battu » qu'ils arborent quand on les gronde. Notre chienne Maxi comprenait parfaitement quand elle avait fait quelque chose de mal et que je la grondais. Gênée, elle levait alors vers moi un regard oblique, comme si, terriblement embarrassée, elle me demandait pardon. C'est précisément ce comportement que des chercheurs ont voulu tester. Bonnie Beaver, du Texas University College, est arrivée à cette conclusion : ce regard typique est inculqué aux chiens, lorsque leurs maîtres les grondent et leur rappellent leurs attentes. C'est le fait d'être grondés qui les fait réagir ainsi, non la mauvaise conscience. Alexandra Horowitz du Barnard College, à New York, fait, elle aussi, le même constat. Elle a demandé à quatorze propriétaires de chien de laisser tour à tour leur compagnon dans une pièce où se trouvait une coupelle pleine de friandises, l'animal ne devant strictement toucher à rien. Résultat : bien qu'une partie des chiens aient respecté l'ordre, presque tous firent une mine de chien battu quand on les gronda[43]. Cela ne veut pas forcément dire que les chiens font semblant d'être désolés. Si on les gronde en les prenant sur le fait, nos amis à quatre pattes associent notre réaction à ce qu'ils ont fait, et il est possible que leur regard exprime vraiment la contrition que nous y voyons.

Revenons à présent au sens de l'équité, car les chevaux ne sont pas les seuls à en posséder un. Quand on vit en société, on ne peut en faire l'économie : aucun membre de la communauté ne doit être lésé. Sinon, on suscite de la colère, voire, si les choses s'enveniment, de la violence. On pourrait penser que, dans la communauté humaine, les lois sont le meilleur garant de l'égalité de traitement des uns et des autres. Pourtant, au quotidien, des sentiments comme la honte d'avoir mal agi ou la joie d'avoir bien agi sont des régulateurs du vivre-ensemble bien plus puissants. Comment, sinon, instaurer une justice entre quatre murs, au sein de chaque famille?

J'ai raconté tout à l'heure que nos chevaux éprouvent de la honte et possèdent donc un certain sens de la justice. Il ne s'agissait évidemment pas d'une observation scientifique en bonne et due forme. Mais pour ce qui est du chien, des études ont été menées. L'équipe de Friederike Range de l'université de Vienne a placé l'un à côté de l'autre deux chiens qui se connaissaient. Ils devaient exécuter cet ordre simple : «Donne la patte!» La récompense reçue pouvait sérieusement varier : c'était tantôt un bout de saucisse, tantôt un simple morceau de pain – et parfois rien du tout. Tant que les mêmes règles du jeu s'appliquèrent aux deux chiens, tout se passa bien, ils participèrent gentiment. Pour faire naître la jalousie, les récompenses furent ensuite distribuées de façon très inéquitable. Quand les deux chiens donnaient leur patte, seul l'un d'eux était récompensé. Une variante plus poussée consista à récompenser l'un avec de la saucisse quoi qu'il fît, et à ne rien donner à l'autre alors qu'il avait continué à donner la patte. Cette injustice éveilla la méfiance du chien défavorisé. Voyant son congénère recevoir les meilleures bouchées qu'il donnât ou non la patte, il finit par en avoir assez et refusa de collaborer plus longtemps. Si, en revanche, le chien était seul et ne pouvait se comparer à l'autre, il acceptait la variante «sans récompense» et continuait à coopérer. On n'avait jusqu'alors observé de tels sentiments de jalousie et d'injustice que chez le singe[44].

Le grand corbeau a, lui aussi, un sens aigu de ce qui est juste ou non. Des expériences impliquant la coopération et l'utilisation d'outils l'ont montré. Une planchette sur laquelle étaient posés deux petits morceaux de fromage fut placée derrière un grillage. Le fromage était attaché à une corde dont les extrémités furent présentées à deux corbeaux à travers le grillage. Ils ne pouvaient atteindre le fromage qu'en tirant en même temps avec précaution sur les deux extrémités. Ces animaux intelligents n'ont pas tardé à le comprendre, et l'expérience fonctionna à merveille avec des partenaires qui s'aimaient bien. Avec d'autres tandems, il est cependant arrivé que, une fois l'opération réussie, l'un des deux corbeaux chipe les deux morceaux de fromage. L'oiseau bredouille en prit bonne note et ne collabora plus avec son glouton de collègue. Chez les oiseaux non plus, on n'aime pas les égoïstes[45]!

De la compassion

LES MAMMIFÈRES LES PLUS COURANTS EN FORÊT COMPTENT aussi parmi les plus petits représentants de cette classe de vertébrés : ce sont les mulots sylvestres. Ils sont mignons, mais difficiles à observer du seul fait de leur taille, d'où leur peu d'intérêt aux yeux du randonneur. Pour ma part, je ne remarque à quel point ces petits animaux sont nombreux à s'affairer dans le sous-bois que lorsque j'ai rendez-vous avec une personne intéressée par notre cimetière forestier, et que je reste à l'attendre un certain temps au même endroit sans faire de bruit. Le mulot sylvestre est omnivore, et passe l'été dans le pays de cocagne que lui est le couvert des vieux hêtres. Bourgeons, insectes et autres petites bêtes se trouvent là en abondance, si bien qu'il peut sereinement élever ses petits. Mais ensuite, l'hiver approche. Pour ne pas avoir trop froid, il installe son logis au pied de troncs imposants, là où prennent naissance plusieurs racines. Il s'y forme des cavités naturelles, qu'il suffit d'agrandir un peu. La plupart du temps, ils s'installent là à plusieurs, car les mulots sylvestres sont des êtres sociaux.

Quand le sous-bois est enneigé, il m'arrive de tomber sur les traces d'un drame. Des empreintes de petites pattes mènent jusqu'au tronc d'un hêtre : une martre est passée par là. Et, pour son petit déjeuner, la martre adore le mulot. Les empreintes conduisent à une cavité entre des racines ; la violence avec laquelle on a gratté et cherché là est manifeste. On ne s'est pas contenté d'éjecter négligemment les réserves cachées des mulots ; mais parfois aussi un mulot lui-même. Et les autres habitants de ce refuge ? Ont-ils juste eu peur de la martre ? Ont-ils aussi perçu le supplice de leur compagnon ? Apparemment oui : des chercheurs de l'université McGill de Montréal ont découvert des indices de compassion chez les petits rongeurs, les premiers non-primates chez lesquels un tel sentiment fut observé. Les expériences en elles-mêmes furent toutefois loin d'être charitables. On infligea aux souris de douloureuses blessures aux pattes par injection d'acide. Une variante consistait à appliquer ces zones sensibles du corps sur des plaques brûlantes. Quand les animaux avaient précédemment observé l'un de leurs congénères subir les mêmes tortures, ils ressentaient ensuite bien plus la douleur que lorsqu'on les faisait souffrir sans préparation. À l'inverse, la présence d'une autre souris qui s'en était mieux tirée les aidait à supporter la douleur. L'ancrage dans le temps du lien entre les souris était un autre facteur important : la compassion se manifestait plus nettement quand les animaux étaient ensemble depuis plus de quinze jours, ce qui est fréquent chez les mulots sylvestres vivant en liberté dans nos bois.

Mais comment les rongeurs communiquent-ils entre eux ? Comment savent-ils si un congénère est en train de souffrir ou de vivre un enfer ? Pour le découvrir, les chercheurs bloquèrent l'un après l'autre les moyens de perception : la vue, l'audition, l'odorat et le goût. Et, bien que les souris aiment à communiquer par les odeurs et poussent des cris perçants sous forme d'ultrasons en cas d'alarme, c'est, étonnamment, la vue de congénères en train de souffrir qui fait naître l'empathie chez elles[46]. Par conséquent, lorsqu'une martre extirpe un mulot sylvestre de son douillet refuge hivernal, les autres vivent sans aucun doute eux aussi un moment d'épouvante. Combien de temps cette compassion dure-t-elle? La pitié et l'émoi qui l'accompagnent règnent-ils encore chez les petits mulots terrés dans leur cachette à l'instant où je découvre les traces de leur prédateur dans la neige? Nous ne le savons pas encore.

Qu'en est-il, par ailleurs, de la compassion à l'égard de congénères arrivés récemment, qui ne sont donc pas encore intégrés au groupe? Il semble qu'elle se manifeste bien moins: autre point de ressemblance des souris avec les hommes, qui ne manqua pas de surprendre les chercheurs de l'université McGill. En comparant les comportements empathiques d'étudiants et de souris, ces derniers sont en effet arrivés à la conclusion que la compassion est bien plus prononcée à l'égard de membres de la famille et d'amis qu'à l'égard d'étrangers. Et ils ont déterminé le rôle du stress dans ces résultats: un individu stressé réagit moins à la souffrance de ses congénères. Or la seule présence d'un individu étranger suffirait à générer du stress, libérant du cortisol chez les participants. Pour la contre-épreuve, les chercheurs bloquèrent cette hormone chez les étudiants et les souris à l'aide d'un médicament, renforçant ainsi à nouveau la compassion[47].

Question empathie, les cochons ne sont pas en reste. Tournons-nous, cette fois, vers les porcheries expérimentales du centre d'innovation de Sterksel. Les chercheurs néerlandais de l'université de Wageningue y ont passé de la musique classique aux animaux. N'ayez crainte: l'objet de l'étude n'était pas de savoir si les cochons apprécient Bach. La musique fut associée à de petites récompenses, telles que des pépites de chocolat. Avec le temps, les cochons du groupe testé ont associé la musique à certaines émotions. Et c'est là que ça devient passionnant. Ils furent rejoints par des congénères qui n'avaient jamais entendu ces sons-là et ne savaient donc qu'en faire. Ils ont pourtant partagé le ressenti des cochons mélomanes : quand ces derniers étaient contents, les nouveaux venus s'amusaient et gambadaient eux aussi, et quand les premiers urinaient de peur, c'était tout aussi contagieux. Les cochons sont visiblement capables d'empathie : ils comprennent ce que les autres ressentent et se laissent gagner par le même ressenti[48] – ce qui est la définition même de la compassion.

Que dire à présent du ressenti entre espèces différentes ? Que nous autres, hommes, puissions partager la douleur d'autres espèces est évident. Sinon, pourquoi serions-nous aussi choqués par ces images de poulets déplumés et sanguinolents, plongés dans l'obscurité des élevages en batterie, ou de ces singes la boîte crânienne ouverte avec des électrodes fichées dans le cerveau ? Mais les animaux, eux aussi, peuvent éprouver une compassion dépassant la frontière des espèces : un épisode qui s'est déroulé au zoo de Budapest en apporte un exemple particulièrement émouvant. Aleksander Medveš, un visiteur, est en train de filmer un ours brun dans son enclos quand soudain une corneille tombe juste devant lui dans un fossé rempli d'eau. Elle se débat tant qu'elle peut, mais, à bout de forces, manque bientôt de se noyer. C'est alors que l'ours intervient. Saisissant délicatement l'une de ses ailes dans sa gueule, il tire la corneille hors de l'eau. L'oiseau reste allongé là, comme paralysé, avant de se ressaisir. L'ours, quant à lui, ne prête plus attention à ce morceau de viande fraîche, qui figure pourtant sur la liste de ses proies, et retourne manger ses légumes. Était-ce un hasard ? Pourquoi l'ours aurait-il agi ainsi alors même que, manifestement, aucun instinct (manger, jouer) ne l'y poussait ?

Outre l'observation directe, aller voir ce qu'il se passe dans le cerveau peut aider à confirmer la possibilité d'un sentiment de compassion au sein d'une même espèce. Il s'agit alors de vérifier s'il existe, chez les animaux concernés, des neurones miroirs. Ce type spécial de cellule, découvert en 1992, présente une particularité : alors que les autres cellules nerveuses produisent des impulsions électriques chaque fois que notre corps se livre à certaines activités, les neurones miroirs, eux, s'activent quand un tiers accomplit les actions correspondantes, réagissant donc comme si notre propre corps était concerné. Le bâillement en est un exemple classique : si votre interlocuteur se met à bâiller, ça vous donne, vous aussi, envie de bâiller. Il est plus agréable, évidemment, de se laisser contaminer par un sourire. Mais le phénomène est bien plus net quand la situation est pénible : si un membre de votre famille se coupe le doigt, vous souffrez avec lui, parce que, dans votre cerveau, des cellules nerveuses réagissent comme si vous vous étiez vous-même blessé. Elles ne fonctionnent néanmoins que si elles ont été exercées dès la prime enfance. Seule une personne dont les parents ou, à défaut, les adultes référents sont aimants peut entraîner et renforcer ses neurones miroirs. Qui a été privé d'affection durant son enfance verra aussi s'étioler son aptitude à la compassion[49].

Les neurones miroirs sont donc, en quelque sorte, le hardware de la compassion. Quoi de plus naturel, dès lors, que d'aller voir quelles espèces possèdent ce type de cellules ? La recherche en est justement là : nous savons, pour l'instant, que les singes en sont pourvus. Il reste à vérifier quelles autres espèces encore nous ressemblent sur ce point. En tout cas, attendons-nous à des surprises ! Les scientifiques, en effet, partent du principe que tous les animaux vivant en groupe possèdent des mécanismes cérébraux comparables. Car les formations sociales – troupeaux, essaims, etc. – ne fonctionnent que si chaque individu peut se mettre à la place de ses congénères et ressentir ce qu'ils ressentent. Je vois déjà notre poisson rouge (voir *supra*, page 37) nous refaire signe ; en tant qu'animal vivant en banc, il aurait, lui aussi, sa place à bord.

De l'altruisme

LES ANIMAUX PEUVENT-ILS AGIR DE MANIÈRE DÉSINTÉRES-
sée ? Le désintéressement est le contraire de l'égoïsme,
un trait de caractère qui, du point de vue de l'évolution
(où seuls survivent les plus forts et les meilleurs), n'a
de prime abord rien de fondamentalement négatif. En
revanche, pour vivre en communauté, une certaine dose
de désintéressement est nécessaire. En tout cas, si l'on
adopte une définition de cette qualité qui n'implique pas
obligatoirement le libre arbitre. Bien des animaux agissent
alors de manière désintéressée : même les bactéries en
sont capables. Celles qui résistent aux antibiotiques, par
exemple, libèrent de l'indole, une substance qui sert de
signal d'alarme. Toutes les autres bactéries des environs
prennent alors des mesures de protection. Même celles
que la mutation n'a pas rendues résistantes pourront
survivre[50]. C'est là un cas évident de désintéressement,
mais un libre arbitre est-il intervenu ? L'état actuel de la
science permet d'en douter.

Pour moi, l'altruisme prend toute sa valeur quand on
a vraiment le choix, quand il nous faut renoncer consciemment
et activement à quelque chose pour aider autrui. À défaut

de pouvoir déterminer quand c'est le cas chez les animaux, intéressons-nous tout de même à des créatures plus intelligentes que les bactéries. Les oiseaux, qui appartiennent à cette catégorie, ne cessent de manifester leur altruisme. Quand un ennemi approche, la première mésange charbonnière à s'apercevoir du danger pousse un cri d'alarme. Toutes les autres peuvent alors prendre le large et se mettre à l'abri. Celle qui pousse le cri s'expose toutefois à un danger particulier, puisqu'elle attire l'attention de l'agresseur sur elle. Elle peut, bien sûr, elle aussi tenter de se mettre à l'abri, mais le risque pour elle de se faire attraper est particulièrement élevé. Pourquoi prend-elle un tel risque ? Du point de vue de l'évolution, cela n'a aucun sens : qu'elle ou une autre mésange soit mangée n'est d'aucune importance pour l'espèce. Mais, à long terme, se montrer altruiste peut être payé de retour, et n'est donc pas sans avantage pour les généreux compatissants, comme Gerald G. Carter et Gerald S. Wilkinson, de l'université du Maryland, l'ont observé chez les chauves-souris vampires. De nuit, la chauve-souris sud-américaine mord des bovins et d'autres mammifères, puis lèche le sang qui s'écoule de la plaie. Pour apaiser sa faim, il lui faut toutefois conjuguer chance et expérience, tant pour repérer sa victime que pour la neutraliser le temps de l'opération. Les chauves-souris malchanceuses ou inexpérimentées restent assez souvent sur leur faim – du moins tant que des congénères repues ne rentrent pas à la grotte. Là, ces dernières régurgitent à l'attention de leurs colocataires moins fortunées une partie de leur repas sanglant, si bien que tout le monde en profite. Vraiment tout le monde. Car, étonnamment, les parents proches ne sont pas les seuls à être approvisionnés ; des individus sans lien de parenté, même éloignée, avec la donneuse sont servis aussi.

Mais pour quoi faire, au juste ? Dans une perspective évolutionniste, seul devrait survivre le plus fort ; or celui qui donne s'affaiblit. Se procurer de quoi manger demande de l'énergie, et celui qui ravitaille autrui en consomme plus, tout en s'exposant davantage au danger. En outre, certains membres de la communauté pourraient abuser des chauves-souris altruistes en se reposant sur leurs bons offices. Mais il n'en est pas ainsi, comme l'ont découvert les deux chercheurs américains. Les chauves-souris, en effet, se reconnaissent entre elles, et savent très bien qui, parmi elles, est généreuse et qui ne l'est pas. Et les plus généreuses sont approvisionnées en priorité quand elles jouent à leur tour de malchance plusieurs jours d'affilée[51]. L'altruisme serait-il égoïste ? Du point de vue de l'évolution, sans aucun doute, puisque les individus dotés de cette qualité ont des chances de survie supérieures à long terme. Mais il y a là un autre enseignement : les chauves-souris, semble-t-il, ont le choix ; elles choisissent librement de partager ou non. Sans cela, le jeu social complexe fait de reconnaissance réciproque, d'attribution de qualités aux unes et aux autres et de comportements adaptés en fonction – tout cela n'aurait pas lieu d'être. Un altruisme génétiquement déterminé ne serait qu'une sorte de réflexe, et nulle différence de caractère ne serait plus observable chez les animaux. Or l'altruisme n'a de valeur que lorsqu'il est pratiqué de plein gré. Avec une liberté de choix, dont disposent manifestement les chauves-souris.

De l'éducation

LES PETITS DES ANIMAUX AUSSI ONT BESOIN D'UNE ÉDUCA-
tion pour bien connaître les règles du jeu du monde adulte.
Nous nous en sommes rendu compte quand nous avons
acheté notre petit troupeau de chèvres. L'exploitation
laitière du village voisin ne se sépare en principe que de
chevreaux, puisqu'elle a besoin du lait des mères pour
produire du fromage. Une alternative se présente à la
progéniture : soit finir à l'étalage sous forme de viande,
soit être vendue à quelque amateur. Nos quatre premières
chèvres eurent la chance d'arriver ensemble dans notre
pâture. À peine avions-nous mis notre petit troupeau dans
l'espace clôturé qu'une des chèvres, prise de panique,
en ressortit d'un bond avant de disparaître dans la forêt,
à quelque huit cents mètres de là. Nous l'imaginâmes déjà
disparue pour toujours : comment pourrait-elle retrouver
son nouveau bercail ? Si sa mère avait été à ses côtés, elle
l'aurait rassurée d'un bêlement. Mais la petite n'avait
personne pour l'aider. Personne ? Et quid des trois autres
chevreaux ? Ils formaient certes un troupeau, mais étaient,
de toute évidence, incapables de se procurer mutuellement
le moindre sentiment de sécurité.

Et les ennuis continuèrent. Bärli (notre fugueuse brune) finit par revenir, mais la bande de galopins se retrouvait régulièrement hors de l'enclos, et nous avions chaque fois toutes les peines du monde à les y faire rentrer. Notre seul espoir était que ce comportement s'améliorât après les premières naissances. Et c'est ce qui se passa : dès que les chèvres eurent leurs premiers chevreaux, elles se calmèrent et restèrent sagement sur la portion de pâturage qui leur était réservée. Quant à leurs filles et fils, ils ne nous ont jamais embêtés, car leurs mères leur ont appris comment vivre dans une pâture comme de gentilles chèvres. Celui qui se conduisait vraiment trop mal était d'abord rappelé à l'ordre par un bêlement, avant, si rien n'y faisait, de se voir flanquer une puissante bourrade avec les cornes. De cette deuxième génération, aucun chevreau n'a encore sauté la clôture. Quant à la « fugueuse en chef », Bärli, elle est devenue la plus sage et la plus gentille de nos chèvres, noble et calme à la fois. Bien sûr, l'âge joue aussi son rôle : Bärli a pris du poids, elle est un peu plus lente, mais elle a également gagné en équilibre. Ses chevreaux aussi lui ont certainement donné de l'assurance, et elle a fini par s'élever au rang de chef du troupeau, ce qui est sans doute un facteur de stabilité supplémentaire.

Tout cela vous semble normal et naturel ? À moi aussi. Mais si l'on s'imagine que les animaux fonctionnent uniquement à l'instinct, selon un programme fixé une fois pour toutes par les gènes, rien n'est plus tout à fait pareil. Apprendre devient superflu si le comportement adéquat est simplement activé par telle ou telle situation. Or ce n'est pas le cas, comme le confirmeront des millions de propriétaires d'animaux domestiques. Chez nous, par exemple, les chiens n'ont pas le droit d'entrer dans la cuisine. Ils l'ont appris rapidement, grâce à un « Non ! » prononcé sur un ton ferme, et ont ensuite respecté toute leur vie cette règle – qui pourtant ne rime à rien dans la nature.

Mais retournons dans les bois, où les animaux sont à l'école de la nature, à commencer par les plus petits d'entre eux : les insectes. À moins de grandir dans une colonie d'abeilles ou chez leurs parentes fourmis ou guêpes, on est livré à soi-même à peine sorti de l'œuf. Personne n'est là pour vous mettre en garde contre les dangers quotidiens ; il faut tout apprendre par soi-même. Le fait qu'une grande partie des petits invertébrés se fasse manger par des oiseaux ou d'autres ennemis n'a rien d'étonnant, et, d'ailleurs, cet apprentissage sans parents est peut-être la raison principale pour laquelle la progéniture est si nombreuse chez les insectes. Les rongeurs se reproduisent, eux aussi, à toute allure, mais l'ordre de grandeur n'est pas comparable à celui des petites bêtes ailées. Chez le campagnol des champs, il y a des petits toutes les quatre semaines, et les femelles peuvent être gestantes à leur tour au bout de quinze jours. Mais les rongeurs ne laissent pas leurs petits faire leurs premiers pas tout seuls : ils leur apprennent comment se mouvoir dans leur environnement et trouver de quoi manger. Ce type d'éducation a fait l'objet d'une étude plus détaillée chez la souris grise, celle qu'on trouve partout chez nous. Mais l'observation a eu lieu bien loin de leur habitat d'origine, sur l'île Gough, dans l'âpre Atlantique sud, à des milliers de kilomètres du continent le plus proche.

Des oiseaux marins, dont les géants que sont les albatros, couvaient là, dans un isolement total. Du moins jusqu'à ce que des navigateurs découvrent l'île et y libèrent par mégarde des souris grises, qui avaient voyagé clandestinement avec eux. Les souris firent la même chose que chez nous. Elles creusèrent des trous, mangèrent des racines et des graines d'herbes, et se reproduisirent à qui mieux mieux. Et puis, un jour, l'une d'elles eut soudain envie d'un peu de viande. Elle avait sans doute trouvé comment s'y prendre pour tuer les poussins d'albatros, ce qui, cruauté mise à part, n'est pas chose facile, puisque les petits font environ deux cents fois la taille de leur agresseur. Les souris n'ont pas tardé à apprendre qu'elles devaient s'y mettre à plusieurs pour mordre un poussin jusqu'à ce qu'il meure d'hémorragie. Les plus agressives d'entre elles commençaient même à dévorer vivantes les boules de duvet.

Pour revenir à l'école des animaux, les chercheurs remarquèrent que, durant des années, la chasse aux oiseaux nicheurs ne fut pratiquée qu'en certaines régions de l'île. De toute évidence, les parents souris enseignaient leur stratégie aux générations suivantes, alors que leurs congénères d'autres régions n'avaient pas encore eu vent de la technique. Cette transmission des stratégies de chasse existe chez beaucoup de mammifères plus gros, comme les loups. Les jeunes sangliers et les jeunes cerfs, quant à eux, apprennent de leurs aînés les itinéraires suivis depuis des dizaines d'années par les familles pour passer en toute sécurité de leurs quartiers d'été à leurs quartiers d'hiver. Ces coulées, tassées à force d'être empruntées, sont souvent dures comme du béton. Apprendre des générations précédentes préserve d'une mort précoce; mais je ne saurais dire si l'école des animaux est plus amusante que la nôtre.

Comment se débarrasser
de ses petits ?

IL NOUS A TOUJOURS SEMBLÉ ÉVIDENT, COMME À LA PLUPART
des parents, que nos enfants devraient un jour voler de
leurs propres ailes. Nous leur avons appris de bonne heure
à être indépendants ; la nature, ou plutôt les hormones ont
fait le reste. Même si la puberté a fait sous notre toit une
arrivée tout en douceur, les divergences d'opinions furent
plus fréquentes durant cette période, faisant naître de part
et d'autre le désir de suivre chacun sa route. Le système
éducatif acheva le processus, puisque, après le bac, vint le
temps des études. Et il n'était évidemment pas question de
les faire à proximité de notre maison forestière isolée, si
bien qu'un déménagement jusqu'à la ville de Bonn, située
à cinquante kilomètres, devint inévitable pour nos deux
enfants. Soit dit en passant, la relation parents-enfants
s'en trouva améliorée d'un coup, puisque nous cessâmes
de nous taper sur les nerfs dans la vie de tous les jours.

Et les animaux, comment s'y prennent-ils ? Au moins chez
les mammifères et chez les oiseaux, il existe un lien tout aussi
étroit entre les générations, lequel doit un jour s'assouplir.

Car la plupart des espèces ont un problème supplémentaire : chez nombre d'entre elles, il n'y a pas de famille au sens humain du terme, si bien que les jeunes doivent faire de la place au bout d'un an, au maximum, pour les bébés à venir. Comment faire, par conséquent, pour faire s'éloigner ses propres petits ?

Le mauvais goût, au sens littéral du terme, peut être une solution. Nous nous en sommes aperçus avec nos chèvres laitières. Quand, par malheur, un petit chevreau meurt au printemps, il nous faut mettre la main au pis et traire. Sinon, la tension de la mamelle pourrait provoquer une inflammation douloureuse pour la mère. Nous obtenons, soit dit en passant, un lait délicieux, que nous versons sur notre muesli ou transformons en fromage. Délicieux ? Oui, enfin, les premières semaines. Il est alors d'une onctuosité très proche de celle d'un bon lait de vache. Mais plus le printemps avance, plus des notes d'amertume ressortent. Comme plus personne ne veut en boire, nous augmentons les intervalles entre les traites, ce qui a pour effet de tarir lentement le flux de lait. Qu'il soit bu par les chevreaux ou par nous n'y change rien. Le pis perd de son attrait à cause de son goût, et les petits passent de plus en plus à l'herbe. La mère s'en trouve soulagée, et les chevreaux deviennent autonomes sur le plan alimentaire. Les chèvres ne laissent les jeunes accéder aux tétines que quelques secondes avant de lever la patte en un geste d'énervement, qui repousse brutalement leur tête. À temps pour l'automne et la période d'accouplement, elles disposent à nouveau de leur corps et de ses réserves pour les futurs petits.

Quant aux abeilles, ce ne sont pas de leurs petits qu'elles veulent se débarrasser à la fin de l'été, mais de leurs mâles. Les faux bourdons, ces douces créatures aux grands yeux, dépourvues de dard, restent avachis dans la ruche tout le printemps et tout l'été. Ils ne vont pas chercher de fleurs, ils n'aident ni à sécher le nectar ni à le transformer en miel, pas plus qu'ils ne nourrissent la progéniture ni ne veillent sur elle. Non, ils se la coulent douce, se laissent ravitailler par les ouvrières et sortent de temps à autre voleter alentour, histoire de vérifier s'il ne traîne pas là, par hasard, une reine prête à s'accoupler. Le cas échéant, ils la poursuivent immédiatement, mais réussir à s'unir à elle en vol n'est donné qu'à de rares chanceux. Ceux qui échouent rejoignent en bourdonnant leur colonie, où les attend un repas de consolation sucré. La vie pourrait continuer ainsi éternellement, sauf que, l'été passant, la patience des ouvrières envers ces flemmards atteint ses limites. La jeune reine s'est accouplée depuis longtemps ; quant à ses sœurs, qui ont quitté la colonie avec leurs essaims, elles sont elles aussi servies. L'hiver approche lentement, et les précieuses réserves doivent suffire à alimenter quelques milliers d'abeilles d'hiver, ouvrières dont la vie est particulièrement longue, ainsi que la reine. Nulle n'a stocké quoi que ce soit pour ces paresseux de faux bourdons, et c'est là que s'ouvre un méchant chapitre dans la ruche. Lors de la chasse aux faux bourdons, qui a lieu en fin d'été, les mâles, tellement choyés les mois précédents, sont attrapés sans ménagement et mis à la porte sans autre forme de procès. Bien que résister soit inutile, les faux bourdons s'opposent désespérément de leurs petites pattes à leur évacuation. L'opération n'est visiblement pas à leur goût du tout, et tous leurs sens sont en alerte. Mais celui qui se défend trop est carrément piqué : pas de pitié ! Celui qui reste en vie est voué à mourir de faim atrocement, à moins de finir, illico, dans l'estomac d'une mésange tout aussi affamée.

Sauvage un jour,
sauvage toujours

IL Y A QUELQUES ANNÉES, JE REÇUS UN APPEL DU VILLAGE
voisin. Une dame inquiète me dit qu'un faon se trouvait
aux abords de sa maison et qu'elle ne savait pas quoi faire.
Quelques questions plus tard, il s'avéra que ses enfants
l'avaient ramené de la forêt en jouant. Mince, alors ! Leurs
jeux étaient sans doute innocents, mais c'était une catas-
trophe pour le jeune animal. Les chevreuils laissent, en
effet, leurs petits seuls dans les buissons ou dans l'herbe
haute les premières semaines, parce que c'est plus sûr
pour tout le monde. Une mère accompagnée de sa progéniture est, de fait, fortement ralentie : il lui faut sans arrêt
attendre ses petits. Ces derniers, qui ne connaissent pas
encore la dure réalité de la vie, flânent derrière Maman.
Une aubaine pour le loup et le lynx, qui voient venir de loin
ces cortèges promettant un festin facile. C'est pourquoi les
chevreuils préfèrent se séparer de leurs petits garnements
durant leurs trois à quatre premières semaines de vie, et
les laisser à l'abri. Les faons n'émettent presque aucune
odeur qui puisse attirer sur eux l'attention des prédateurs :
c'est le camouflage parfait ! La chevrette ne passe que de

temps à autre, pour les nourrir, puis repart. Elle a ainsi plus de temps pour manger de vigoureux bourgeons et sommités de pousses sans être sans cesse obligée de jeter un œil soucieux aux petits. Mais, si quelque candide tombe sur l'un de ces faons couché là tranquillement tout seul, s'en occuper est presque un réflexe pour lui. On a peine à s'imaginer la souffrance d'un bébé humain livré à lui-même, qu'un adulte aurait simplement déposé quelque part avant de disparaître !

C'est ainsi qu'il y a régulièrement des « sauveteurs » pour secourir spontanément le petit animal présumé orphelin en le ramenant chez eux. La plupart du temps, ils se retrouvent ensuite démunis, et appellent des experts. C'est à ce moment-là, si ce n'est encore fait, qu'ils comprennent l'énorme erreur qu'ils ont commise, en général irréversible : le faon ayant pris l'odeur humaine, un retour en forêt auprès de sa mère est inenvisageable, puisque celle-ci ne reconnaîtrait plus son petit. L'élevage au biberon est pénible et même risqué, du moins avec les faons mâles, comme nous le verrons plus loin.

Pour moi, les chevreuils sont un bel exemple du fait que l'amour maternel peut s'exprimer de bien des manières. La plupart des mammifères s'y prennent comme nous, et s'efforcent de nouer un contact étroit et permanent avec leurs petits. Mais ceux qui adoptent un autre comportement ne manquent pas de cœur pour autant ; ils sont juste adaptés à une autre situation. Le faon du chevreuil, à n'en pas douter, se sent très bien durant ses premières semaines de vie, même s'il n'est pas en contact permanent avec sa mère. Et les choses changent lorsqu'il est capable, lui aussi, de courir vite. Il reste alors à proximité de la chevrette, dont il s'éloigne rarement de plus de vingt mètres.

Ce comportement typique des premières semaines a, à notre époque moderne, d'autres conséquences bien plus tragiques pour les faons. En cas de danger, ils se baissent, car ils savent instinctivement qu'il est presque impossible de les détecter à l'odeur. Mais souvent, le péril ne vient ni d'un loup ni d'un sanglier affamé en quête d'un tendre rôti, mais de ces tracteurs qui, avec leurs immenses faucheuses, coupent l'herbe à toute vitesse sur des parcelles de plusieurs hectares. Les faons, tapis au sol, se font happer par les lames et sont tués sur le coup – dans le meilleur des cas. Car, parfois, ils se lèvent juste avant, et leurs pattes sont fauchées en même temps que l'herbe. Une mesure préventive pourrait consister à inspecter la parcelle le soir précédent en compagnie d'un chien, qui signalerait le «danger». La chevrette inviterait son faon à déménager avec elle dans un endroit sûr, hors du pré. Mais, hélas, le temps et le personnel manquent souvent pour mener de telles actions de sauvetage.

Les animaux sauvages ne sont pas faits pour être domestiqués, et encore moins câlinés : le chat sauvage européen en fournit un autre exemple. Au début des années 1990, il était presque exterminé. Seuls quelque quatre cents animaux vivaient encore dans les moyennes montagnes de l'ouest de l'Allemagne, auxquels s'ajoutait une petite population résiduelle d'environ deux cents spécimens dans les Highlands écossais. Mon district de Hümmel, dans la région de l'Eifel, comptait lui aussi parmi ces derniers refuges, ce qui m'a permis d'observer régulièrement l'un de ces farouches tigres miniatures. Depuis, la situation s'est nettement améliorée. Grâce à des mesures de protection et de réintroduction, des milliers de chats sauvages vagabondent à nouveau dans toutes les régions boisées d'Europe.

Il est facile à reconnaître : sa taille est celle d'un gros chat domestique, et son pelage tigré peu marqué tend vers l'ocre. Sa queue touffue présente des anneaux et une extrémité noire. Problème : les chats tigrés domestiques ressemblent aussi à cela, même s'ils n'ont aucune parenté avec l'espèce sauvage. Les identifier à coup sûr nécessiterait de mesurer le volume du cerveau, la longueur de l'intestin ou de faire un test génétique – autant d'examens que le promeneur lambda ne peut évidemment pas réaliser. Il y a quand même quelques indices… Le chat domestique est, disons, moins vigoureux : il réserve ses déplacements furtifs – jusqu'à environ deux kilomètres de ses pénates – à la saison chaude. Dès que le froid hivernal et l'humidité sont là, sa soif d'aventure diminue en même temps que son rayon d'action. La plupart du temps, ses sorties se limitent, désormais, à cinq cents mètres : les animaux domestiques qui ont froid veulent pouvoir rentrer se mettre au chaud rapidement. Le chat sauvage est nécessairement plus endurci ; il n'hiverne pas plus qu'il n'hiberne, et il lui faut chasser la souris même sous la neige. Un chat tigré aperçu dans la neige à des kilomètres du village le plus proche est donc à coup sûr un chat sauvage et libre.

Depuis l'époque romaine, les chats domestiques, introduits par le sud de l'Europe, sont nettement plus nombreux que les chats sauvages. Pourquoi ces derniers n'ont-ils pas disparu à force de croisements ? Car les deux espèces s'accouplent : l'existence de bâtards le prouve. Cela reste toutefois exceptionnel. Quand les deux espèces s'affrontent, le chat apprivoisé est toujours dominé, car le sauvage n'a pas volé son nom. D'où la question, nous y revenons, de savoir si ces petits chats ne pourraient pas faire des animaux domestiques. Il a bien dû arriver (et il arrivera encore), en milieu rural notamment, que quelque animal sauvage se joigne à l'homme. Il y a tant d'amis des bêtes qui leur mettent à manger sur leur seuil… Et les oiseaux qui fréquentent les mangeoires l'hiver montrent bien que, avec l'habitude, la crainte de l'homme décroît peu à peu chez les animaux.

Mais que se passe-t-il lorsqu'un bébé chat sauvage grandit sous protection humaine ? Cette histoire nous l'apprend, que j'ai entendue récemment dans mon propre village. Un jour, un jogger aperçut un jeune chat près d'un chemin forestier isolé de mon district. Résistant à l'envie d'emmener l'animal en détresse, il se contenta d'abord de l'observer. Quelques jours plus tard, il revint au même endroit, et la boule de poils miaulante était toujours au bord du chemin. Il était donc clair que sa mère avait disparu, pour une raison ou pour une autre ; livré à lui-même, le bébé chat allait mourir. Alors le jogger le souleva avec précaution et l'emmena chez lui. Il se renseigna auprès d'un service spécialisé pour savoir comment s'y prendre, et l'institut Senckenberg de Francfort confirma, grâce à un échantillon de poils, que le chat était bien de pure race. Comme les chats sauvages ne tolèrent pas la nourriture pour chat domestique en raison de leur intestin plus court, le diablotin mangea de la viande. Il fut bientôt impossible de l'approcher au moment du repas, car il passait immédiatement à l'attaque. En revanche, lors de promenades dans les prés, le chaton restait fidèlement aux côtés de sa famille, donnant l'impression de s'apprivoiser. Mais bientôt, il ne fut plus tenable. Il se montra plus agressif, faisait fuir le chat domestique plus âgé que lui et atterrit finalement dans un enclos de réintroduction en milieu naturel du Westerwald.

Que nous montre cette histoire ? Que nombre d'espèces ne perdent pas leur caractère sauvage et ne sont donc pas faites pour vivre sous tutelle humaine. Si les espèces domestiques ne le devinrent toutes qu'au terme d'un long processus d'élevage, ce n'est pas un hasard. Et, de toute façon, la législation est très stricte à ce sujet : il n'est possible de détenir des animaux sauvages que de façon exceptionnelle et sur autorisation*.

---

* En France, l'arrêté du 11 août 2006 émanant du ministère de l'Écologie fixe la liste des espèces considérées comme domestiques. La possession d'un animal ne figurant pas sur cette liste nécessite la détention d'un certificat de capacité.

Certains s'acharnent néanmoins à rendre possible l'impossible, avec le loup, notamment, dont la réintroduction en Europe a déjà du mal à rallier les suffrages. Pour nous autres, hommes, il n'est pas dangereux : nous ne l'intéressons pas du tout. Mais si nous le retenons chez nous de force, c'est une autre affaire... Détenir un loup n'est pas seulement interdit. C'est aussi imprudent. Comme le chat sauvage, le loup reste avant tout un animal sauvage, même si d'aucuns sont tentés de le croiser avec un grand chien comme le husky, espérant combiner harmonieusement l'apparence du loup et la familiarité du chien domestique. Mais cela aussi est illégal ; c'est pourquoi, d'ailleurs, il existe un marché noir de ces animaux, importés des États-Unis ou d'Europe de l'Est[52]. La proportion élevée de sang de loup dans un tel croisement empêche ces animaux de s'apprivoiser vraiment ; ils sont donc contraints d'endurer, avec beaucoup de stress, la cohabitation avec l'homme. Et cette proximité est dangereuse, car le stress engendre l'agressivité.

Pourquoi les loups, qui ont pourtant la fibre sociale, sont-ils beaucoup plus difficiles à détenir que des chiens ? C'est ce qu'a étudié Kathryn Lord, de l'université du Massachusetts. Cela tient, d'après ses résultats, à la phase de socialisation des louveteaux. Les bébés loups se baladent sur leurs quatre pattes dès l'âge de deux semaines, alors que leurs yeux sont encore fermés. Et leurs oreilles inopérantes, puisque leur ouïe ne sera fonctionnelle qu'au bout de quatre semaines. C'est donc aveugles et sourds qu'ils avancent à tâtons autour de leur mère, ce qui ne les empêche pas d'apprendre du matin au soir. Quand, au bout de six semaines, le contrôle de leurs yeux est complet, les petits garnements se sont déjà familiarisés avec les odeurs et les bruits de leur meute comme de leur environnement, et socialement ils sont déjà bien en selle. Les chiens, pour leur part, sont plus longs à la détente, et c'est très bien ainsi : ils ne doivent pas se lier trop tôt aux membres de leur clan, puisque c'est un humain qui leur sera finalement le plus proche. Chez le chien, l'élevage millénaire a repoussé la phase de reconnaissance sociale, qui commence désormais à l'âge de quatre semaines. Or, pour le louveteau comme pour le chiot, la période marquante ne dure précisément que quatre semaines. Tandis que chez le loup, tous les sens ne sont pas encore développés durant cette période-clé, le petit chien, lui, peut déjà explorer son environnement équipé d'un répertoire sensoriel complet – et, les derniers jours de cette phase, l'homme s'inscrit aussi dans cet environnement. Par la suite, le chien a tous ses repères en notre compagnie, tandis que, chez le loup, il subsistera toujours une certaine méfiance[53]. Cette attitude fondamentale se maintient, semble-t-il, y compris chez les loups croisés avec des chiens.

Mais, comparé au faon d'un chevreuil, un loup croisé est inoffensif. Les faons seraient-ils donc dangereux ? Pas tous : seuls les mâles font courir un grand péril à qui les détient. Car l'adorable bébé moucheté devient, au bout d'un an, ce que l'on appelle un brocard. Ce jeune cerf est un solitaire, qui ne tolère pas la moindre concurrence sur son territoire. La tendre relation des premiers temps finit par s'estomper, et comme, aux yeux du brocard, qui veille sur lui est un chevreuil, il ne peut s'agir que d'un rival – qui doit être chassé à toute force. Aussi, si l'homme n'esquive pas l'assaut aussi agilement que les concurrents naturels du brocard, il sentira bientôt s'enfoncer dans son corps les bois pointus : s'il subsistait la moindre ambiguïté quant à ses intentions, la voilà levée ! Ce comportement n'a rien d'exceptionnel : au contraire, il est la norme. Le danger, d'ailleurs, peut persister même quand l'animal est réintroduit dans son milieu naturel. Car le chevreuil a de la mémoire et ne fuit pas forcément les hommes dans les années qui suivent. C'est ainsi qu'en 2013, un quotidien régional rapporta ce fait divers : dans le village de Waldmössingen, entre chien et loup, un brocard a attaqué et blessé deux femmes sur un terrain de sport. Il avait été élevé au biberon l'année précédente[54].

Bécasse à l'ancienne

COMME JE L'AI DÉJÀ RACONTÉ DANS UN PRÉCÉDENT chapitre, nous donnons à nos juments Zipy et Bridgi une ration de céréales à midi. Cet en-cas riche en énergie est surtout censé requinquer un peu Zipy, la plus âgée des deux. Les chevaux ne mâchent apparemment pas très bien, puisque l'on retrouve pas mal de grains intacts dans le crottin. Et c'est là que ça devient peu ragoûtant, car nos «corneilles domestiques», qui se promènent sans arrêt dans les parages, ont jeté leur dévolu dessus. Elles émiettent le crottin pour en extraire quelques grains d'avoine. Un délice, non? Moi, ça me dégoûte plutôt, d'où ces questions : une nourriture crottée à ce point peut-elle avoir bon goût? Les animaux ont-ils d'ailleurs le sens du goût? Sans aucun doute, mais leur palais est exercé à d'autres mets que le nôtre. (Les perceptions gustatives divergent bien sûr chez nous aussi. Songeons, par exemple, aux œufs centenaires d'un brun vitreux si prisés en Chine, qui évoquent davantage la putréfaction qu'un mets raffiné... du moins à nos yeux d'Européens.)

Le sens du goût existe chez les animaux : nos juments nous en fournissent la preuve, s'il en est besoin. Il faut les vermifuger deux à trois fois par an, et nous utilisons pour ce faire un tube de pâte médicinale que nous leur pressons dans la gueule. Cette pâte n'a visiblement pas bon goût, car quand l'une et l'autre s'aperçoivent de ce qui les attend, autant vous dire qu'elles ne sont pas très coopératives. Mais le fabricant a réagi : désormais, le vermifuge existe aussi au goût de pomme – lequel plaît aux chevaux. Depuis, l'opération est un peu plus simple.

Les propriétaires de chiens sont bien placés pour savoir que l'on peut aussi éduquer leur goût. Certains compagnons à quatre pattes refusent de manger si l'on change la marque de leur nourriture. Crusty, le bouledogue français que nous gardons de temps en temps, a certes un gros appétit, mais le régaler de friandises nouvelles a de fâcheuses conséquences – du moins pour nous. Car, peu après leur ingestion, notre séjour se retrouve, toutes les dix minutes, infesté par un nuage pestilentiel échappé du derrière de Crusty.

Les lapins, quant à eux, poussent encore un peu plus loin que les corneilles la perversité gustative. Alors que les oiseaux se contentent de farfouiller dans les excréments d'autrui pour en extraire quelques grains, les rongeurs consomment régulièrement leurs propres excréments. Cela dit, pas n'importe quelles billes de crotte prises au hasard, mais seulement certaines, qui sont spéciales. Comme chez tous les herbivores, des bactéries intestinales aident les lapins à décomposer et à digérer les herbes qu'ils mâchent. Certains de ces micro-organismes se trouvent notamment dans l'appendice et désassemblent les éléments contenus dans la verdure. Mais certaines substances issues du processus, telles que les protéines, les graisses et les sucres, ne peuvent être absorbées que dans l'intestin grêle qui se trouve, c'est ballot, avant l'appendice. Toute la bonne bouillie passe donc par le système digestif sans être utilisée, pour, inéluctablement, finir sa course hors de l'organisme.

Quoi de plus naturel alors que de se régaler de ces cæco-trophes tout juste expulsés de l'anus et d'en retirer les précieuses calories en les faisant passer par l'intestin grêle[55] ? Seules les billes dures, le sous-produit final, se voient dédaignées et manifestement considérées comme des matières fécales.

Pour nous, les hommes, il est inconcevable de manger des excréments, qu'ils soient d'origine animale ou humaine. Enfin, pour presque tous les hommes… Certains le font quand même, y compris au sein de la population euro-péenne : ce sont les chasseurs. Ils continuent, de nos jours encore, à tuer des bécasses, ce que je trouve personnellement aussi abject que de chasser la baleine. Ces oiseaux n'ont, par-dessus le marché, presque aucune chair à offrir, et c'est peut-être là l'origine de l'étrange coutume qui consiste à manger, entre autres, les intestins et ce qu'ils contiennent (donc les excréments). Haché menu et amélioré à toutes les modes – avec du lard, des œufs et des oignons par exemple –, le tout est mis à cuire sur une tranche de pain, et voilà : la « bécasse à l'ancienne », régal du chasseur, est prête. Tout ce qui se trouve dans les excréments des oiseaux, dont les œufs de vers, a beau être détruit à la cuisson, la seule pensée de ce délice-là me coupe l'appétit.

Les animaux ont besoin de goûter pour distinguer ce qui se mange de ce qui ne se mange pas (voire de ce qui est toxique). Quels que soient les parallèles sensoriels que l'on peut faire, beaucoup d'espèces n'ont pas le même sens du goût que nous. L'expression « gourmand comme un chat », par exemple, renvoyant à la consommation de sucreries, n'est pas fondée en ce qui concerne le vrai chat. Car, à l'instar de gros félins comme le lion ou le tigre, ou encore du phoque, il a perdu au fil de l'évolution sa capacité à détecter le sucré. Les friandises semblent ne pas l'intéresser, et c'est bien com-préhensible : il préfère la viande[56].

Il est encore plus difficile de comparer notre sens du goût à celui des papillons, comme le machaon, par exemple. Les femelles ne pondent que là où leur progéniture pourra manger les feuilles tendres des plantes qui leur conviennent. C'est ainsi que les chenilles juste écloses n'auront qu'à mordre autour d'elles pour assouvir leur faim. Mais, pour éviter d'avoir à goûter chaque plante afin de trouver les bons lieux de ponte, le papillon les examine avec ses pattes couvertes de poils sensitifs : piétiner une feuille lui permet de distinguer jusqu'à six substances différentes. Et ce n'est pas tout : le papillon discerne même l'âge de la plante et son état de santé[57]. Cela vous semble incroyable ? Nous sommes bien capables, nous aussi, de reconnaître au goût si quelque chose est frais ou déjà flétri ; songez par exemple à une banane trop mûre. Pour le papillon, évaluer l'état d'une plante est déterminant pour la survie de sa progéniture : si cette plante meurt avant que les chenilles se transforment en chrysalide, le rêve de la métamorphose en papillon s'évanouit.

À chacun son parfum

APRÈS LE SENS DU GOÛT, IL EST TENTANT D'EXAMINER l'odorat. Les animaux sont bel et bien sensibles à ce qui fleure bon ou mauvais. L'odeur sert non seulement, comme le goût, à contrôler la nourriture ; mais aussi, comme chez nous, à séduire le sexe opposé. Notre bouc Vito, toutefois, nous rappelle chaque automne à quel point cette odeur aguicheuse peut être éloignée des fragrances qui nous plaisent, à nous. Comme je l'ai déjà raconté, Vito utilise son propre parfum corporel – son urine – pour séduire nos deux chèvres. Dans ces cas-là, ma femme change de vêtements et met un bonnet quand elle se rend à la chèvre-rie, car l'odeur pénétrante n'envahit pas seulement tout le jardin : elle se dépose aussi sur les tissus et les cheveux.

Le dégoût, au demeurant, n'est peut-être qu'un phé-nomène culturel propre à notre temps. Si, il y a deux siècles, on n'utilisait pas, ou en tout cas rarement, de déodorant, c'est peut-être parce qu'on était accoutumé à certaines odeurs. Il paraît que Napoléon en campagne aurait écrit à Joséphine : « Je rentre à Paris demain soir. Ne te lave pas ! » Les conqué-rants espagnols du XVIe siècle étaient, eux aussi, réticents à se laver. Voulaient-ils entretenir le contraste avec la propreté des Maures, qu'ils venaient de chasser de la péninsule Ibérique ? Les Aztèques du Mexique, eux-mêmes adeptes des bains de vapeur, sentirent (au sens propre) la différence quand ils virent arriver les étrangers à la peau claire : quelle horreur ! Pour prendre un exemple plus proche de nous, songez à du fromage vieux, longuement affiné. Autrement dit, des protéines de lait moisies et durcies... dont les émanations pourraient, dans un autre contexte, donner envie de vomir. Ces exemples ne visent pas à réduire l'homme au statut d'animal puant. Simplement à souligner que la puanteur est une perception toute relative.

Question odeur, les chiens ne le cèdent pas toujours au bouc. Notre chienne Maxi adorait se rouler dans la crotte de renard, à la pestilence particulièrement pénétrante. Elle aimait aussi se parfumer à la bouse de vache fraîche. On a longtemps supposé que nos compagnons à quatre pattes se comportaient ainsi pour masquer leur propre odeur. C'était censé améliorer leurs performances à la chasse, du moins chez leurs ancêtres sauvages. On suppose aujourd'hui que les chiens ou les loups, ce faisant, transmettent des messages ou cherchent simplement, ne serait-ce qu'une fois, à être au centre de la meute. Ils ne semblent pas trouver désagréable, au contraire, l'odeur de charogne ou de matières fécales d'herbivores[58]. L'homme n'éprouve-t-il pas lui aussi le besoin de se parfumer ?

Il y a un cas dans lequel il vous faut faire attention : c'est si votre chien se roule dans de la crotte de renard ou de chien, voire en mange. La crotte de renard, en particulier, pourrait contenir les œufs fins, extrêmement fins, du ver plat responsable de l'échinococcose, lesquels, transportés par votre loulou, risquent fort de se retrouver dans votre salle de séjour. Et vous serez condamnés à jouer le rôle de la souris que ces œufs étaient censés infester. Les larves, en se développant, colonisent les organes internes et ralentissent l'hôte, qui tombe malade. Ce sont ensuite ces souris que le renard attrape de préférence : le cercle se referme. Évidemment pas quand l'hôte intermédiaire, c'est vous. Ce qui attend l'homme, c'est une maladie grave, qui, selon le stade auquel elle est détectée, peut être difficile à soigner. Il vaut donc mieux, à titre exceptionnel, administrer une bonne douche à un chien crotté de frais.

Bien que leur appréciation diffère de la nôtre, les animaux perçoivent non seulement ce qui sent bon, mais aussi ce qui sent mauvais. Cela vaut notamment pour leurs propres excréments. Un herbivore préfère ne plus aller paître là où il a posé une crotte. Car les chevreuils, les cerfs, les chèvres et les bovins ont presque tous des vers. De nombreuses traces de ces parasites se retrouvent par conséquent dans leurs excréments, celles par exemple du ver du poumon. Chaque gramme d'excrément peut contenir jusqu'à sept cents œufs qui seraient réabsorbés en paissant au même endroit[59]. Étant donné que les infestations massives affaiblissent le corps, les herbivores touchés sont les proies privilégiées du lynx et du loup. Il est donc logique, à titre préventif, qu'ils perçoivent leurs propres excréments comme absolument répugnants.

Je crois que la plupart des animaux, comme nous, trouvent rebutante l'odeur de leurs excréments. Nombre d'animaux domestiques nous le montrent clairement. Nos chevaux, par exemple, se cherchent un «petit coin tranquille» dans la pâture, qu'ils ne fréquentent que pour y crotter. Dans la nature, la liberté de mouvement limite le risque de manger souvent au même endroit. Quand la captivité interdit ces déplacements, les animaux se débrouillent en réservant un coin de pâture à cet usage. Blacky, Hazel, Emma et Oscar, nos lapins, se cherchent, eux aussi, dans le clapier et dans l'enclos, un coin toilettes, où faire leur grosse commission.

Il n'y a que dans les élevages intensifs que cela n'est pas possible : les poules et les cochons y sont même contraints de dormir dans leurs excréments. Dans ce cas, les fortes verminoses ne peuvent être empêchées que par la prise régulière de médicaments. Mais les pilules, malheureusement, ne traitent pas la puanteur. Dommage…

Quand ils sont en train de faire, beaucoup d'animaux sont d'ailleurs aussi gênés que nous. Quand on le tenait en laisse, Crusty, le bouledogue, filait se cacher dans les buissons pour faire sa grosse commission. Et il se détournait pour ne pas nous regarder, comme s'il était embarrassé qu'on puisse le voir en train de poser culotte. En dehors de l'odeur, il est important pour tous les animaux d'être propres. Tout comme nous, ils se sentent très mal quand de la crotte ou toute autre saleté reste collée à eux. Il est possible que la réaction des congénères renforce ce malaise. Qui a le derrière sale signale qu'il est peut-être malade, puisqu'il a la diarrhée. Or qui a envie d'être contaminé, *a fortiori* de s'accoupler avec un tel partenaire ? Les animaux veillent donc méticuleusement, eux aussi, à être toujours propres – même si leur définition de la propreté n'est pas la même que la nôtre. Les sangliers, par exemple, aiment se rafraîchir l'été, et pour ce faire n'hésitent pas à se rouler voluptueusement dans des flaques boueuses. Grognant et remuant la queue, ils fouissent, brassent, s'allongent et se rallongent tout leur soûl. Quand l'opération est terminée, une couche beige recouvre entièrement leur pelage. Les animaux ne se sentent pas sales pour autant. Pourquoi se sentiraient-ils sales ? Certains humains ne payent-ils pas des sommes astronomiques pour un enveloppement de boue ? C'est ainsi que doivent se sentir les sangliers après leurs ablutions : comme après un soin, et ce n'est pas un hasard. Nombre de parasites, telles les tiques et les puces, restent pris dans la croûte quand elle sèche. Et lorsque cette carapace glaiseuse a fini de durcir, les sangliers éliminent le tout en se frottant contre certains arbres ou certaines souches. Toujours les mêmes, de sorte qu'avec les années, ceux-ci deviennent tout lisses. L'opération n'élimine pas seulement les bestioles importunes, mais aussi de vieilles soies, qui finissaient par démanger l'animal.

Nos chevaux aussi sont friands de cette sorte de soin corporel. Ils aiment se rouler par terre, en particulier quand ils muent. Et, selon le temps qu'il fait, leur pelage peut alors se retrouver imprégné de boue. Uniquement de boue, pas de crottin.

Chemins peinards

NOS PAYSAGES RESSEMBLENT À DES MOSAÏQUES – DU POINT de vue, en tout cas, des animaux sauvages. Les grandes étendues qui ne soient pas fragmentées par les cités et les routes appartiennent au passé, et se perdre dans une région sauvage est un plaisir révolu. Car même les écosystèmes les plus naturels que nous ayons encore, à savoir les forêts, ne sont plus ce qu'ils étaient. Pour que les camions de bois puissent atteindre leurs moindres recoins, il y a désormais, en Allemagne, treize kilomètres de routes forestières par kilomètre carré de forêt. D'un point de vue purement statistique, cela signifie que vous ne faites pas cent mètres à travers bois sans tomber sur un chemin : autant dire que ce n'est pas la grande aventure ; tout au plus peut-on se tromper de sentier. En matière de biodiversité, les chemins ont de graves inconvénients. À leurs abords, le sol jadis meuble s'est considérablement tassé, et les toutes petites bêtes qui vivaient dans les couches les plus profondes du sol sont mortes étouffées. Qui plus est, les chemins bloquent l'écoulement des eaux à la manière de digues, un phénomène à ne pas négliger. Dans le sous-sol, en effet, coulent une multitude d'eaux souterraines, qui se retrouvent, du coup, refoulées ou déviées. C'est ainsi qu'on a vu certaines parcelles de bois se transformer en marécages, où nombre d'arbres dépérissent, leurs racines mourant dans le bouillon putride. Les chemins sont, enfin, un obstacle à prendre au sérieux pour les espèces de carabidés lucifuges. Car ces coléoptères qui ne savent plus voler n'osent pas quitter l'obscurité offerte par les arbres pour gagner les sillons baignés de lumière. Ils se retrouvent donc prisonniers d'une petite surface cernée par les chemins, sans plus aucun échange génétique possible avec les populations voisines.

Mais les chemins ne sont pas toujours un inconvénient pour les animaux. Les chevreuils, les cerfs ou encore les sangliers sont comme nous : ils n'aiment pas se déplacer en terrain accidenté. Marcher dans l'herbe ou les broussailles mouillées quand il pleut n'est pas agréable pour eux non plus : c'est pourquoi ils empruntent volontiers nos coulées bien nivelées. Car les routes et les chemins ne sont rien d'autre à leurs yeux que des coulées humaines, où ils trouvent bien plus aisé de se déplacer, comme en témoignent les multiples empreintes qui les jalonnent, en leurs zones les plus meubles.

Là où l'homme ne prête pas main-forte, les animaux tracent leurs routes tout seuls. Elles sont, certes, bien plus étroites que nos percées à nous, puisqu'elles ne sont pas plus larges qu'eux. Il n'y a pas de méthode systématique. Un jour, une laie en tête de harde, par exemple, découvre un passage en sous-bois. Les autres sangliers la suivent, si bien que les herbes ne tardent pas à être piétinées. La fois suivante, cette trace légère est toujours visible, et il est plus facile de l'emprunter. Au fil du temps, il arrive la même chose que sur nos sentiers battus : une fois la végétation écrasée, une ligne étroite de terre nue apparaît. Et, de génération en génération, les animaux se transmettent la connaissance de ces coulées aisées à parcourir – sauf si nous venons leur mettre des bâtons dans les roues. C'est ainsi qu'en arrivant à la tête de mon district, j'ai fait poser une clôture autour d'une plantation de chênes. Il y avait bien trop de cerfs alentour, qui se seraient fait une joie de manger les pousses tendres des semis : il me fallait les protéger. Il s'avéra après coup que cette clôture avait interrompu l'une des longues coulées ancestrales des grands herbivores, les forçant à trouver d'autres routes. Cela eut pour conséquence d'augmenter les risques d'accident avec les automobilistes, les cerfs surgissant dorénavant là où personne ne s'y attendait. La clôture a été retirée depuis, et les animaux empruntent de nouveau les anciennes voies dont ils ont hérité.

Nos sentiers se sont d'ailleurs formés de la même manière que ceux des animaux, comme j'ai pu le constater dans notre cimetière forestier. De très vieux hêtres y sont donnés à bail en guise de pierres tombales vivantes accueillant des urnes. La forêt millénaire reste ainsi épargnée par le déboisement. Et l'on s'est abstenu de créer là de nouveaux sentiers et chemins, de manière à perturber le moins possible la nature. Quelques rares sentiers battus se sont néanmoins formés, aux endroits les plus faciles d'accès, dessinant un passage entre les arbres et leur immense descendance. La pluie a prêté son concours. Quand le front des intempéries est passé sur la forêt, les feuilles des jeunes hêtres se mettent à goutter. Or, personne n'a envie de se promener pour se retrouver en quelques secondes le pantalon trempé. On cherche alors des sillons où marcher à peu près au sec, et chacun à son tour de suivre la même petite trace. Cela me convient d'ailleurs très bien, car ainsi les visiteurs de la forêt ne marchent que sur une infime partie du sol.

Les coulées n'ont toutefois pas que des avantages. Car, du fait de leur intense fréquentation, elles attirent aussi des hôtes qui n'y ont pas été invités. Hormis les prédateurs aux aguets dans les parages, prêts à dévorer quelque passant imprudent, celles qui attendent là de quoi manger sont surtout de toutes petites bêtes qui courent : les tiques. De la famille des acariens, elles se nourrissent du sang de leurs hôtes. Comme elles ne progressent que très lentement, il leur faut attendre leurs victimes. Et quelle meilleure idée que de patienter en bordure des chemins très fréquentés ? Là, les tiques se cramponnent à des brins d'herbe, des branchettes ou des feuilles, à hauteur de chevreuil ou de sanglier. Dans leurs pattes avant se trouvent des organes olfactifs capables de détecter le souffle ou la sueur des mammifères. Ces parasites ressentent aussi les secousses provoquées par un pas lourd qui s'approche. Dès qu'un gros mammifère passe dans les herbes, la tique tend les pattes avant et se laisse emporter. Puis elle rampe jusqu'à un pli de peau souple et chaud, et le repas commence. Par conséquent, si vous traînez vos guêtres l'été par les forêts, abstenez-vous d'emprunter ces coulées. L'hiver, en revanche, cela ne pose pas de problème, car les tiques sont inactives par temps froid.

Mais revenons à la sensation de jambes mouillées, évoquée tout à l'heure. Si vous avez l'habitude de vous promener, vous savez comme moi à quel point c'est désagréable. Pourquoi en irait-il autrement pour les animaux ? Ils ont froid sous leur pelage humide et préfèrent rester sur les chemins peinards, qui ont pour eux un avantage supplémentaire : la rapidité de parcours. Quand un craquement se fait entendre dans le sous-bois, qu'un ennemi se prépare à attaquer un faon ou un marcassin, les hardes fuient aussi vite que possible. Et, comme la forêt est jonchée de grosses branches et d'arbres morts qui transforment la fuite en parcours d'obstacles, elles optent, pour mieux filer, pour les lignes dégagées.

Au bord des coulées guettent d'ailleurs d'autres passagers clandestins que les tiques. Il s'agit de plantes, qui attendent là que leurs rejetons soient transportés plus loin. C'est ainsi que le gaillet gratteron forme de petits fruits à crochets. Si un animal vient à passer le long de la plante, il emporte alors un lot de graines, dont il assure la dispersion. Il a été prouvé que ces espèces se répandent tout spécifiquement le long des coulées.

Mauvais temps

QUI SE REND DE SON PLEIN GRÉ EN FORÊT PAR TEMPS d'orage ? Un arbre frappé par la foudre est très dangereux, et se faire doucher par une averse glacée n'a rien d'agréable non plus. Durant plusieurs années, j'ai proposé dans mon district des stages de survie : les participants passaient un week-end en forêt avec, pour tout équipement, un sac de couchage, une tasse et un couteau. Ils dormaient dans les bois et y cherchaient de quoi manger. C'est tout à cette quête que nous fûmes un jour surpris par un violent orage, qu'il nous fallut, par la force des choses, patiemment supporter. En plus d'être trempés, les participants s'alarmaient des coups de foudre alentour, tandis que j'affichais une sérénité forcée, censée empêcher l'affolement général. En mon for intérieur, je commençais quand même à paniquer, lorsque la foudre frappa violemment à une centaine de mètres de nous. Or, même quand on n'est pas soi-même touché, les abords d'un arbre sont dangereux en pareil cas. Comme j'ai eu plusieurs occasions de l'observer juste après un impact, le tronc déchiré n'est pas le seul à mourir : une dizaine d'autres arbres du voisinage peuvent aussi y rester. Dans un cas extrême, j'ai même constaté les dégâts causés par une sorte de lancer de couteaux. La foudre avait engendré des tensions telles dans un épicéa qu'il avait littéralement volé en éclats, envoyant une multitude de lames de bois se ficher dans une souche voisine.

Lors de ce stage, nous fûmes récompensés, une fois l'orage passé, par un beau spectacle animalier. La pluie cessa d'un coup, et une trouée s'ouvrit entre les nuages, laissant filtrer les rayons chauds du soleil. Autour de nous, la végétation fumait ; c'est alors qu'un chevreuil surgit dans une petite clairière. L'animal, trempé jusqu'aux os, cherchait un peu de chaleur pour se sécher. Il en allait pour lui comme pour nous, et je sentis un lien étroit et spontané nous unir.

Que vivent, au fond, les animaux sauvages ? Il leur faut patiemment supporter tous les temps trois cent soixante-cinq jours par an, et, à la saison froide, c'est sûrement très désagréable. Ou pas ? Regardons-y de plus près. Commençons par le pelage, qui protège bien mieux de l'humidité qu'on ne le croit communément, car la même graisse que nous, humains, ne cessons d'éliminer de nos cheveux imprègne leur toison. De plus, l'implantation descendante des poils du dos contribue à conduire l'eau vers le bas, un peu comme les tuiles d'un toit. La peau des chevreuils, des cerfs et des sangliers reste donc sèche, si bien qu'ils ne sentent pas tout de suite l'humidité. Cela ne commence à devenir désagréable pour les animaux que lorsqu'un vent violent projette l'eau latéralement. Elle pénètre alors entre leurs poils. Les plus âgés le savent fort bien et, au besoin, se déplacent pour rejoindre un petit coin à l'abri. Ils se tiennent alors de manière à tourner le dos au vent. La face, plus sensible, reste ainsi épargnée par ses assauts. C'est surtout la neige, quand les températures flirtent avec le zéro, qui est plus embêtante : les flocons, en fondant, se fraient lentement un passage entre les poils et font frissonner les chevreuils et les cerfs. S'il gèle franchement, en revanche, les animaux se sentent nettement mieux. Leur pelage d'hiver se dresse et isole tellement bien qu'il retient des heures durant une neige fraîchement tombée.

N'est-ce pas la même chose pour nous ? Ne préférons-nous pas un vrai jour de gel à – 10 °C qu'un temps pluvieux et venteux à + 5 °C ? Le ressenti des animaux n'est pas fondamentalement différent du nôtre, si ce n'est que, dans l'ensemble, ils supportent mieux les basses températures. Et encore... Même cela n'est pas gravé dans le marbre. Je songe, par exemple, à un autre stage de survie. Il y a des années, j'en avais organisé un en hiver et, le week-end de janvier en question, il faisait vraiment un sale temps. Les températures tournaient autour de zéro et, d'heure en heure, la pluie alternait avec la neige. Le bois était tellement humide que le feu de camp avait du mal à prendre. Je m'attendais à ce que les participants déclarent forfait rapidement. Mais, après une nuit passée dans des sacs de couchage humides et froids, les corps s'étaient, semble-t-il, adaptés, et plus personne ne grelottait : nous avions manifestement atteint le niveau de confort des animaux sauvages.

L'été, en dehors du soleil qui réchauffe, il y a une autre raison pour les animaux d'abandonner l'épais toit de feuilles qu'offrent les arbres pour une petite clairière. Le feuillage du hêtre et celui du chêne gouttent très longtemps : comme le dit le proverbe, « dans une forêt de feuillus, il pleut toujours deux fois. » Chevreuils et cerfs, s'ils y restent, se font donc arroser plus longtemps. Mais ce n'est pas la seule nuisance : les gouttes font du bruit en tombant, empêchant les animaux d'entendre approcher les prédateurs, qui, eux, profitent de ces conditions pour traquer leurs proies. Voilà pourquoi, quand il s'arrête de pleuvoir, les cervidés préfèrent gagner une clairière : pour y prêter l'oreille et s'assurer que tout va bien.

Pour les petits mammifères comme les campagnols, c'est plus compliqué. Quand je me rends sur la pâture des chevaux par temps de pluie, l'hiver, il arrive que de l'eau jaillisse des entrées de galerie qui jalonnent le terrain en pente. Comment les petits rongeurs font-ils pour survivre ? Pour eux, avoir le pelage humide est bien plus dangereux que pour les gros animaux, puisqu'ils perdent bien plus de chaleur proportionnellement à leur poids, tout en ayant d'énormes besoins caloriques : il leur faut manger tous les jours une quantité correspondant à leur propre poids. S'ils sont mouillés, leur consommation d'énergie bondit. Et, comme ils n'hibernent pas, ils ne connaissent pas de répit et s'efforcent chaque jour de trouver à manger. Ils ont cependant un faible pour les racines d'herbes, ce qui leur épargne d'avoir à sortir dans le vent glacé, leurs galeries souterraines offrant tout ce qu'il faut. Mais que se passe-t-il quand l'eau y ruisselle ? Les petits malins ont prévu le coup grâce à une architecture spéciale. L'entrée de leur refuge est en pente, si bien que le rongeur peut s'y laisser tomber comme une masse s'il lui faut fuir rapidement sous terre en cas de danger. Les galeries plongent d'abord en profondeur, bien plus que nécessaire. Elles ne remontent légèrement qu'un peu plus loin, pour aboutir à de petites chambres confortables, capitonnées d'herbe tendre. S'il pleut au point que de l'eau coule dans les abris, celle-ci s'accumule dans les segments les plus profonds, tandis que les habitants restent bien au sec. Et, comme les abris sont reliés entre eux par une multitude de tunnels, les rongeurs peuvent prendre la fuite si l'eau s'infiltre dans leur refuge. Mais ça ne marche pas à tous les coups. Quand, notamment l'hiver, de fortes pluies inondent la prairie, elles piègent au moins une partie des campagnols, qui finissent misérablement noyés dans leurs chambres souterraines.

De la douleur

Il faisait froid en cette soirée de février, et notre chèvre Bärli n'allait pas tarder à mettre bas. Elle était agitée, se couchait, se recouchait, et son pis était déjà gorgé de lait. Ma femme était inquiète :

– C'est trop long, insista-t-elle. On devrait appeler le vétérinaire, non ?

Je me voulais rassurant :

– Bärli va bien y arriver toute seule. Elle a peut-être juste besoin d'un peu de calme. Elle est solide et en bonne santé. Je n'aime pas intervenir si ce n'est pas nécessaire.

Eh bien, j'aurais mieux fait d'écouter Miriam et son sixième sens ! Le matin suivant, la naissance n'avait toujours pas eu lieu, et la douleur de Bärli était manifeste. Elle grinçait des dents et ne voulait ni manger ni se lever. C'étaient là de sérieux signaux d'alarme ; il fallait appeler sans attendre notre vétérinaire, qui connaissait bien nos chèvres. « Il est en vacances », nous dit sa remplaçante avant de nous rejoindre au plus vite. Elle diagnostiqua une présentation par le siège du petit chevreau qui, malheureusement, était déjà mort dans le ventre de sa mère. La vétérinaire le sortit avec précaution, puis donna des médicaments à Bärli pour prévenir une inflammation de l'utérus.

Notre chèvre se remit rapidement, et nous lui trouvâmes même un chevreau adoptif. Un éleveur des environs avait un quadruplé à céder. Aucune chèvre ne peut s'occuper de quatre petits à la fois. Son pis n'a que deux tétines, et elle a trop peu de lait pour toutes ces bouches à nourrir. Le fermier se réjouit, donc, de placer entre de bonnes mains l'un des membres de la joyeuse bande. Nous frictionnâmes le petit (qui allait devenir notre bouc Vito) dans le mucus du chevreau mort. Aussi dégoûtant que cela paraisse, c'était nécessaire pour que Bärli reconnaisse son odeur et le laisse boire tout de suite. La mère et son petit étaient en pleine forme : tout est bien qui finit bien, ce jour-là, du moins pour ces deux-là !

Mais revenons à la douleur. Comment ça, la douleur ? Les preuves selon lesquelles les animaux la ressentent effectivement, comme on l'a vu chez les poissons (voir le chapitre « Y a-t-il de la lumière là-haut ? »), sont toujours controversées. On pourrait, certes, faire appel à la neurobiologie, citer toutes sortes d'arguments scientifiques, montrer que les impulsions, les variations de signaux, les schémas cérébraux et la nature des hormones sécrétées suggèrent des ressentis comparables aux nôtres. Mais n'y a-t-il pas bien plus simple ? Le comportement de Bärli était parlant, et similaire au fond à celui d'un humain. Les grincements de dents (inhabituels chez la chèvre), l'absence d'appétit, le besoin de s'allonger, l'apathie : ces symptômes ne vous rappellent-ils pas ceux d'un homme qui souffre ?

Il existe d'autres preuves, encore plus évidentes, de ce que les animaux ressentent la douleur. Nos poules, nos chèvres et nos chevaux – tous ces animaux sont détenus derrière une clôture électrique adaptée à chaque espèce, pour que chacun reste là où nous l'avons prévu. Le procédé a l'air cruel, mais il n'y a guère d'autre solution. Le barbelé ? Impossible : les bêtes pourraient se blesser. Et une clôture en bois n'est pas un obstacle suffisant, du moins pour les chèvres. Sans parler des chevaux, qui finiraient par ronger les poteaux et les planches. Comment fonctionne une clôture électrique ? Comment agit-elle sur les animaux ? J'en fais régulièrement l'expérience. Car, lorsque le matin, perdu dans mes pensées, je vais voir les chevaux pour délimiter un nouveau lopin de pâture, il m'arrive d'oublier de couper le courant. Une violente secousse m'arrache à mes rêves, et je peste tout seul contre moi-même. Les jours qui suivent, je vérifie deux fois que l'appareil est bien débranché : ce genre d'expérience réveille les instincts, et ils sont très puissants en pareil cas.

Voilà comment la clôture agit sur les animaux. Après un ou deux contacts douloureux, ils s'efforcent de l'éviter. L'efficacité d'une clôture électrique repose sur une douleur initiale, puis sur le souvenir de celle-ci. C'est exactement ce qu'il s'est passé pour moi. Et c'est pour cela que je suis absolument convaincu que nos animaux domestiques ressentent la décharge électrique tout comme nous. Et ils ne sont pas les seuls. Chez les poules, la clôture a d'abord pour fonction de tenir le renard à distance, et cela marche très bien. Des paysans entourent leurs champs de maïs de fils électriques pour éloigner les sangliers. Les propriétaires d'animaux domestiques qui n'aiment pas les clôtures apparentes peuvent enterrer des câbles. Si le chien ou le chat franchit la frontière virtuelle ainsi délimitée, leur collier leur envoie une décharge électrique. Chacun jugera pour soi de cette pratique ; le fait est que tous les êtres vivants évoqués – moi y compris – ressentent de la douleur et en tirent instinctivement les mêmes leçons.

De la peur

HOMME OU ANIMAL, QUI NE CONNAÎT LA PEUR RUINE SES chances de survie, car ce sentiment nous préserve d'erreurs mortelles. Peut-être, comme moi, connaissez-vous ce sentiment bizarre, quand vous êtes en hauteur – sur une plate-forme panoramique, par exemple, ou au sommet de la tour Eiffel. Chez moi, il se traduit par un picotement qui monte et le désir de redescendre aussi vite que possible. Cet instinct est très pertinent, du point de vue de l'évolution : c'est lui qui, en empêchant nos ancêtres de tomber d'une falaise, a évité que ne s'interrompe le fil des générations, sans quoi nous ne serions pas là.

Mais les animaux ne se contentent pas de ressentir ce sentiment aigu de peur ou de menace ; ils peuvent aussi s'en servir consciemment et en tirer des leçons à long terme, comme nous le montrent les sangliers. Rendons-nous en Suisse, pour l'occasion, plus précisément dans le canton de Genève. En 1974, la population locale a obtenu, par référendum, que la chasse fût interdite – une pratique dont les adeptes sont les pires ennemis des grands mammifères. Or, comme les chasseurs et les chasseuses appartiennent au genre *Homo sapiens*, leur gibier a développé une peur de tous les hommes. C'est pour cette raison qu'il fréquente les prés et les champs essentiellement de nuit, préférant passer ses journées dans des bois et des buissons épais – hors de la vue des dangereux bipèdes. Quand la chasse, donc, a été interdite à Genève, les chevreuils, les cerfs et les sangliers ont changé de comportement. Comme ils n'ont plus peur, ils se montrent désormais toute la journée. Mais les sangliers genevois ne sont pas les seuls à se comporter différemment. Tout autour, y compris dans la France voisine, on tire encore à qui mieux mieux. Alors, quand la chasse est ouverte, notamment lors des battues automnales avec leurs meutes de chiens, les sangliers révèlent leurs talents de nageurs. Dès que l'écho du cor retentit et que les premières détonations se font entendre, les cochons sauvages quittent en nombre la rive française pour rejoindre le canton de Genève en traversant le Rhône à la nage. Là, ils sont en sécurité et peuvent faire un pied de nez aux tireurs français.

Ces sangliers nageurs montrent trois choses. D'une part, qu'ils identifient le danger et se rappellent la chasse de l'année précédente, durant laquelle des membres de la famille furent blessés ou abattus sous une pluie de plombs. D'autre part, que la peur est indispensable, car c'est elle qui les pousse à quitter le territoire sur lequel ils se sont sentis si bien tout l'été. Enfin, qu'ils se souviennent qu'ils seront en sécurité dans le canton de Genève. Sur une période longue de plus de quatre décennies, c'est devenu une tradition, qui se perpétue de génération en génération chez les sangliers : en cas de danger, on va se mettre à l'abri de l'autre côté du fleuve. Voilà à quelle conclusion sont arrivés, dans les années soixante-dix, les ancêtres de ces omnivores malins, capables de concevoir une stratégie de défense par essais et erreurs.

Mais les animaux peuvent aussi réactiver une peur à partir d'un souvenir, comme nous l'avons vu avec l'exemple de la clôture électrique. Tout comme, chez nous, certaines chansons, odeurs ou images font parfois resurgir le souvenir enfoui d'événements effrayants. Prenez le chien, par exemple. Si vous en avez un dans votre foyer, peut-être avez-vous fait la même expérience que nous. Maxi, notre petite épagneule de Münster, aimait la vie, l'aventure… mais pas le vétérinaire. Chez le véto, il y avait non seulement les piqûres de vaccins, mais aussi parfois de désagréables détartrages ou encore la dégoûtante opération visant à vider les glandes anales. Pas étonnant que Maxi se mît à trembler chaque fois qu'elle se retrouvait sur la table d'opération, et qu'elle subît tout ce qui s'y passait comme un paquet de misère. Mais ce n'était pas tout : sur le trajet qui menait au cabinet, la chienne percevait déjà par les grilles d'aération de la voiture l'odeur caractéristique de cet environnement et commençait à avoir peur dès que nous entrions sur le parking. Sans doute se repassait-elle un vieux film dans sa tête pour anticiper aussi négativement la visite. Le fait que les animaux ressentent de la peur peut être considéré comme établi, mais les réactions de notre chienne signalaient un autre point encore : les chiens sont capables, comme bien d'autres espèces, de se souvenir très longtemps de quelque chose (comme nos chèvres de la clôture électrique). Les visites chez le vétérinaire étaient tout de même parfois espacées de plus d'un an !

Que cela nous plaise ou non, la plupart des animaux sauvages vivent, à notre approche, ce que vivait Maxi avec le vétérinaire. Dès qu'ils nous aperçoivent, ils sont pris de peur, du moins quand nous avançons trop près d'eux. Comment nous considèrent-ils par ailleurs ? Voilà qui serait intéressant à savoir… Nous distinguent-ils d'autres animaux ? Savent-ils que nous assemblons des ordinateurs, conduisons des voitures et avons donc sur eux une supériorité mentale écrasante ? À l'inverse, aucune espèce – si l'on excepte les animaux domestiques – n'a pour nous de valeur éminente, qui la distingue des autres. Apercevoir un homme, une buse ou un hérisson est-il indifférent à un chevreuil ? En principe, oui : songez à votre dernière promenade en forêt… Des espèces rares, très grandes ou particulièrement colorées vous ont peut-être sauté aux yeux. Mais vous souvenez-vous de chaque oiseau ? Pouvez-vous décrire la moindre mouche que vous avez aperçue ? Sûrement pas, car nous sommes tellement habitués à la présence, dans notre environnement, d'une multitude de créatures que nous ne percevons plus en détail tout ce qui rampe et vole autour de nous.

Comment savoir, alors, de quelle manière les animaux nous perçoivent ? On ne peut guère adopter leur point de vue : il est déjà presque impossible de se mettre à la place d'une autre personne. Alors d'une autre espèce… Non, le plus simple, pour commencer, est de partir des réactions des animaux à notre vue. Le fait que nous exercions ou non une influence sur leur vie quotidienne est ici tout à fait déterminant. Cette influence peut se traduire par la douleur, voire la mort dans le cas de l'exploitation ou de la chasse, ou bien, au contraire, par les aspects positifs de la captivité, tels que la distribution de nourriture. Je trouve, pour ma part, que l'absence totale d'influence – quand nous ne faisons ni du mal ni du bien aux animaux – est la situation idéale. C'est le paradis, pour des espèces qui nous ignorent largement. J'en veux pour preuve un exemple particulièrement cru, qui nous vient de la lointaine Afrique et fit le buzz sur Internet durant l'été 2015. Il s'agit d'une photo, prise dans le parc national Kruger en Afrique du Sud et publiée dans le cadre d'un reportage sur le site du *Spiegel*. On y voit des lions en train de déchiqueter une antilope sur une route très fréquentée, au beau milieu de la circulation. Les automobilistes, surpris autant que choqués, venaient de découvrir cette évidence :

être entourés de buissons, de pierres ou d'humains au volant de leur voiture était parfaitement égal aux prédateurs[60].

Prenons d'autres exemples, plus légers : si vous partez en safari dans un parc national africain, vous pouvez vous garer à quelques mètres seulement de zèbres, de chiens sauvages ou d'antilopes. Que ce soit sur les îles Galápagos, sur les côtes de l'Antarctique, dans les ports de plaisance de Californie ou dans le parc de Yellowstone, partout les animaux nous laissent les approcher de très près sans la moindre méfiance. Pourquoi est-ce impossible chez nous, en Europe ? Nous avons pourtant l'une des densités de mammifères les plus importantes au monde. Chez nous vivent environ cinquante chevreuils, cerfs et sangliers par kilomètre carré de forêt. Alors qu'ils devraient être visibles vingt-quatre heures sur vingt-quatre, on ne rencontre le plus souvent ces animaux que de nuit. Vous savez désormais pourquoi : c'est que, chez nous, la chasse n'épargne aucun territoire.

L'homme est d'abord un « animal visuel », qui chasse à vue. Le but de sa proie potentielle est donc de se tenir hors de portée de son regard. Si nous chassions à l'odorat, les animaux finiraient peut-être, au fil des générations, par ne plus dégager aucune odeur ; et si nous chassions à l'oreille, ils feraient sans doute le moins de bruit possible. Mais c'est de notre champ de vision qu'ils s'efforcent de se retirer. Le jour, tout d'abord : comme nous ne voyons pas grand-chose, pour ne pas dire rien du tout, dans l'obscurité, nos proies se rabattent sur la nuit pour vaquer à leurs activités. Considérer les chevreuils, les cerfs et les sangliers comme des animaux nocturnes nous semble une évidence. Or ils ne le sont pas, comme en témoigne leur besoin de manger à intervalles réguliers, vingt-quatre heures sur vingt-quatre. De jour, ils se procurent cette nourriture dans des buissons secrets ou de profondes forêts et non, comme il serait normal pour eux, dans les prés ou en lisière de bois. Ils n'osent sortir de ces zones protégées des regards qu'une fois le crépuscule tombé, quand l'homme est visuellement handicapé. Seuls les jeunots très affamés ou imprudents se promènent plus tôt et se risquent du côté des «tours à tuer». Je veux dire des miradors, mais le fait est que, pour le chevreuil et le cerf, il s'agit là d'installations mortifères, d'où leur pire ennemi cause une mort soudaine dans le fracas et la fumée.

Il ne s'agit pas d'une interprétation de ma part. Il est parfaitement évident pour mes collègues comme pour les chasseurs que le gibier engrange des expériences. Voici comment une harde de cervidés vit la mise à mort d'un congénère : une détonation retentit et, tout à coup, ça sent le sang. Souvent, le tir, imparfait, n'a fait que toucher l'animal, qui, pris de panique, peut encore courir quelques mètres avant de s'effondrer en gigotant. Ce spectacle, associé à l'odeur d'hormones du stress, se grave profondément dans la conscience des membres de la harde. Aussi, quand ils entendent des craquements en provenance du mirador, dont le chasseur descend pour récupérer le gibier abattu, les animaux, qui sont intelligents, font le lien. Les fois suivantes, ils se méfient et regardent en direction du mirador avant de pénétrer dans la percée, pour vérifier s'il y a quelqu'un là-haut. Ils pourraient, bien sûr, s'en tenir éloignés par précaution, mais souvent, les installations de chasse se trouvent précisément là où pousse quelque délice. Et si le chasseur ne trouve rien en arrivant, il sème un mélange alléchant de plantes des prés. Son nom ? «Repas complet pour gibier de prairie», par exemple. La promesse d'un régal, non ? C'est ainsi que le soir devient le cadre d'un jeu de roulette. Si la faim l'emporte, les chevreuils et les cerfs se présentent trop tôt dans la percée et, du même coup, dans le champ de vision des tireurs. Si la peur a le dessus, les animaux affamés ne se mettent à table qu'à la nuit noire, et les chasseurs repartent bredouilles.

Des chercheurs du parc national de l'Eifel ont montré à quel point les cerfs sont sensibles. Un forestier chasseur et un bûcheron avaient le même modèle de voiture. Alors qu'il battait en retraite dès que le véhicule du forestier apparaissait, le gibier restait tranquille quand le bûcheron empruntait le même chemin. Mais le cerf n'est pas le seul animal capable de faire la différence entre humains dangereux et humains inoffensifs. Nos animaux domestiques aussi se fient à ce qu'ils ressentent. Le chasseur est au cerf et à l'ensemble du gibier ce que le vétérinaire est au chien et au chat.

Sauf que le chasseur est dans les faits autrement plus dangereux. Rien d'étonnant, par conséquent, à ce que bien des animaux soient attentifs au genre d'humain qui approche. Les enfants sont perçus comme fondamentalement inoffensifs, et il est rare qu'un geai des chênes se replie particulièrement face à des promeneurs adultes. Mais, quand des chasseurs rappliquent, il fait du raffut et prévient la faune en poussant des cris rauques et perçants. C'est pourquoi cet oiseau coloré continue, hélas, d'être la cible de nombre d'hommes en kaki, alors même que, assurant la dispersion des graines d'arbres, il est presque irremplaçable pour la vie de la forêt.

L'intrusion de l'homme dans l'habitat du gibier est source de stress. La part du temps qu'il consacre à vérifier s'il est en sécurité passe de cinq à plus de trente pour cent quand un bipède fait de fréquentes incursions dans son secteur[61].

Cela vaut du moins pour les hommes aux intentions peu prévisibles. Les randonneurs, les cyclistes ou les cavaliers qui ne s'écartent pas des chemins sont formidables : ils font du bruit et ils suivent des routes toutes tracées. Tant qu'ils ne s'en éloignent pas, pour le gibier il est clair qu'ils se déplacent tout droit d'un point A à un point B ; les animaux, qui les observent de jour depuis une cachette sûre savent qu'ils n'ont rien à craindre. Les cueilleurs de champignons, les vététistes ou encore les chasseurs et les forestiers, en revanche, se déplacent souvent de façon non linéaire. Et, comme en général ils cheminent seuls, aucune conversation animée ne permet au gibier de se faire une idée de la route qu'ils prennent. Seule une petite branche craque ici ou là sous la semelle, et l'on entend parfois un petit raclement de gorge, rien de plus. Le chevreuil et le cerf, vaguement inquiets, préfèrent prendre le large rapidement, par mesure de précaution.

On pourrait objecter qu'il en a toujours été ainsi. Que le chasseur soit une meute de loups ou un homme, quelle différence ? Une différence de taille, justement : le nombre. Alors que, dans les régions où le loup est présent, on n'en trouve qu'un, environ, pour cinquante kilomètres carrés, ce sont désormais plus de dix mille bipèdes, soit prédateurs potentiels, qui se pressent en Allemagne sur la même surface. Même si tous ces humains ne sont pas armés, le gibier n'a aucun moyen de le savoir. Voilà pourquoi il recule en cas de doute devant tout agresseur éventuel et renonce en général à fréquenter les tendres pâturages à la lumière du jour. La situation de la faune qu'il est permis d'abattre est donc profondément dramatique. Le fait qu'il y ait plusieurs chasseurs potentiels pour chaque proie potentielle (alors que naturellement, c'est l'inverse) est une situation sans équivalent au sein du règne animal.

Il n'y a donc rien d'étonnant à ce qu'au-dehors, par les bois et les champs, règnent la peur et la méfiance. Regardons de plus près quelles espèces animales ont à subir le stress de la chasse. J'ai déjà mentionné le cerf, le chevreuil et le sanglier. Les mammifères qui se joignent à eux sont le chamois, le mouflon, le renard, le blaireau, le lièvre, la martre et la belette. Il faut ajouter à cette liste pas mal d'oiseaux, comme la perdrix, différentes espèces de pigeons, d'oies et de canards, la mouette, la bécasse, le héron cendré, le cormoran et les corvidés*. Quoi de surprenant à ce qu'on ne voie quasiment plus la couleur de ce spectre bigarré ? Imaginez un peu, si deux à trois mille lions au kilomètre carré vagabondaient à travers l'Europe. Ce serait à peu près la proportion de prédateurs équivalant à ce que nous, les bipèdes, représentons pour les animaux sauvages chassés : autant dire une puissance écrasante ! Mais revenons à la manière dont ces animaux nous voient, quitte à faire appel à notre imagination. Je n'oserais, pour ma part, plus sortir de chez moi si, derrière chaque buisson, chaque haie, me guettait un danger mortel. Ou alors j'attendrais la nuit, moi aussi, pour être sûr que mes poursuivants dorment pour de bon ou, du moins, qu'ils ne chasseront pas.

Qui a déjà vu un membre de sa famille s'effondrer, couvert de sang ; qui s'est un jour senti envahi par la frayeur et la panique transmet cette expérience, et cela vraisemblablement sur plusieurs générations. Même sans parole. Car la frayeur ne fait pas seulement trembler jusqu'aux os ; elle s'insinue jusque dans les gènes, comme l'a rapporté le quotidien *Die Welt* dès 2010[62]. L'institut Max-Planck de psychiatrie de Munich a découvert qu'en cas d'expérience traumatique, certains composants (groupes méthyles) se fixent sur les gènes. Ils modifient la fonction de ces derniers en agissant comme des interrupteurs[63]. Selon les chercheurs, le comportement peut s'en trouver changé toute la vie durant, comme ils l'ont montré de manière exemplaire chez la souris. La communauté scientifique admet aussi que certains schémas

---

* En France, la mouette, le héron cendré et le cormoran ne figurent pas dans l'arrêté du 26 juin 1987 fixant la liste des espèces de gibier dont la chasse est autorisée.

comportementaux peuvent se transmettre héréditairement *via* ces gènes modifiés. Autrement dit : notre code génétique transmet non seulement des caractéristiques physiques, mais aussi, en quelque sorte, des expériences. Or quelle expérience peut être plus traumatisante que de graves blessures ou la mort d'un proche ?

Il est plutôt déplaisant de songer qu'une grande partie de la faune qui nous entoure vit traumatisée. Mais, heureusement, la coexistence des animaux sauvages avec l'homme a aussi des aspects plus riants. L'espoir demeure de pouvoir vivre ensemble pacifiquement, y compris en Europe, comme le montre la densité croissante de gibier dans les villes. Il se raconte, au sein du règne animal, que ces dernières forment une sorte de zone protégée. Les aires construites comptent, en effet, parmi les zones présumées pacifiées, où toute chasse est interdite. C'est ainsi que Berlin, Munich ou Hambourg ne se distinguent des parcs nationaux que par l'aménagement urbain. Des sangliers dans les jardinets, qui ne se laissent plus déloger (tiens donc ?) et labourent les plates-bandes de tulipes ; des renards qui creusent leurs tanières dans les talus bordant les routes ; des ratons laveurs qui s'installent dans les garages et les greniers : la faune se sent merveilleusement bien au cœur de notre civilisation. Si, pour nous, l'asphalte et les rangées de maisons grises sont synonymes d'éloignement de la nature, les animaux ne voient là qu'un nouvel habitat, fait de rochers aux sommets bizarrement cubiques. De plus en plus de territoires urbains s'avèrent des joyaux écologiques. C'est ainsi que Berlin possède, avec une centaine de couples nicheurs, l'un des plus gros effectifs d'autours des palombes. Les oiseaux nichent dans les parcs de la ville, où ils chassent le lapin et le pigeon. J'ai moi-même observé, non loin de la porte de Brandebourg, un renard en train de manger le plus tranquillement du monde une saucisse au curry qui avait été jetée là.

Certains urbains sont déconcertés par une telle proximité. Une dame d'un certain âge m'a raconté un jour avoir peur quand un renard pointait son nez devant la porte de sa terrasse. Le spectre de la rage ou du ver plat se met immédiatement à planer sur nos têtes, venant gâcher ce qui est en réalité un magnifique épisode naturel. Le danger que peuvent représenter pour nous les animaux est pourtant très limité. La rage a été éradiquée il y a déjà bien des années, et le ver plat est plutôt rare, du moins dans la nature. J'ai déjà parlé du déroulement de la chaîne infectieuse de la souris au renard, et du problème que posent les excréments de ce dernier. Si un chien vient à manger une souris infectée (oui, beaucoup de chiens chassent la souris!), il éliminera des milliers d'œufs en déféquant. Il fera ensuite sa toilette, léchera son pelage et pourra répandre chez vous ces œufs, fins comme la poussière. S'il n'est pas vermifugé régulièrement, votre propre chien est donc plus dangereux qu'un renard.

Il n'est pas impossible, cela dit, que nous exagérions les dangers du monde sauvage pour la seule raison que, sans cela, il n'y aurait plus rien à craindre. Nos instincts les plus archaïques ont peut-être simplement besoin du danger comme exutoire?

La situation, il est vrai, est un peu différente avec des sangliers accompagnés de marcassins. L'une de mes connaissances, qui vit à Berlin-Dahlem, un quartier résidentiel du sud-ouest de Berlin, m'a raconté qu'il n'est plus possible de les chasser du jardin, même en tapant fort dans les mains – or il n'y a rien d'autre à faire...

Le milan, un grand rapace, est une autre espèce cherchant la proximité avec l'homme – certains hommes tout particulièrement. Autrefois, ces oiseaux étaient poursuivis et chassés, mais depuis qu'ils sont protégés, ils aiment notre voisinage. Celui, surtout, des possesseurs de tracteurs. L'été, quand les agriculteurs fauchent les prairies, ils profitent de leur travail.

Car les lourdes machines ne coupent pas seulement l'herbe ; elles expédient aussi dans l'autre monde nombre de souris, entre autres petits animaux. Cette réalité, aussi déplaisante que désastreuse, est une aubaine pour le milan. Dès qu'un tracteur apparaît et que le travail commence dans le champ, les majestueux oiseaux sont de sortie, y compris chez moi, à Hümmel. Avec leur envergure d'un mètre soixante, ils glissent au ras du sol derrière les machines, à la recherche de souris écrasées comme des crêpes ou de faons broyés.

On ne voit pas la martre d'un si bon œil, même si c'est vraiment un bel animal. Comme elle n'est pas chassée dans les zones construites et que la pose de pièges, courante jadis en forêt et dans les champs, est en net recul, sa peur à notre égard a largement disparu. Nous avons élevé une fois une petite orpheline, qui se laissait patiemment caresser et émettait alors une sorte de ronronnement, tel un chat comblé. Nous lui avons d'abord donné de la nourriture en boîte, puis, pour la préparer à une vie en liberté, il y eut bientôt des souris au petit déjeuner. En peu de temps, la petite mère est devenue si sauvage que nous ne pouvions plus l'attraper qu'avec un gant. Nous avons finalement ouvert la porte de sa cage afin qu'elle pût décider toute seule quand nous quitter. Ce moment est arrivé au bout de trois nuits seulement : la cage resta vide, et nous ne la revîmes plus jamais. Il se peut qu'elle passe encore furtivement la nuit sur notre terrain, car la martre peut vivre plus de dix ans.

Avons-nous bien fait de lui porter secours ? Rien n'est moins sûr... Nous garons deux véhicules devant notre maison forestière : un véhicule tout-terrain pour le travail dans les bois et une voiture pour les trajets privés. Or, un jour, j'ai découvert, traînant devant la Jeep, un bout de tuyau en caoutchouc. J'ai aussitôt levé le capot et constaté la tuile : une martre avait fait de sacrés dégâts en croquant bon nombre de câbles et de tuyaux. La voiture était bonne pour un séjour chez le garagiste !

Mais pourquoi cet animal avait-il fait de tels ravages dans le compartiment moteur ? Pourquoi la martre est-elle parfois saisie de folie destructrice ? *La* martre, d'ailleurs, n'existe pas, puisque deux espèces vivent en Europe : la martre des pins et la fouine. La martre des pins est une habitante craintive de la forêt, qui aime dormir dans les creux des arbres et passe le reste de son temps à courir agilement de branche en branche, dans les houppiers. La fouine, elle, est moins liée aux arbres et se sent bien aussi en d'autres sites. Il peut s'agir de rochers et de grottes, ou justement de maisons, lesquelles ne sont ni plus ni moins pour elle que d'anguleuses montagnes. La fouine, qui est curieuse, se promène alors à la recherche de proies, et examine tout de ses dents pointues. Des câbles sectionnés, des tuyaux détruits et des isolants égratignés dans le compartiment moteur ne témoignent pas, toutefois, de sa curiosité, mais d'une fureur sans bornes. La petite prédatrice s'emporte en général quand elle soupçonne la présence d'une concurrente. La fouine marque son territoire à l'aide de glandes odorantes qui envoient à toute congénère de même sexe ce signal clair : « La place est prise ! » En temps normal, ses semblables respectent la frontière odorante, et chacune laisse l'autre en paix. Comme il fait si bon se blottir sous le capot, « votre » fouine visite régulièrement votre véhicule. Il arrive qu'elle dépose par la même occasion quelques provisions ; c'est ainsi que nous avons un jour trouvé le bas d'une patte de lapin sur la batterie. Ces visites-là ne causent toutefois aucun dommage. Il n'y a que si vous garez votre véhicule une nuit en contrée étrangère que les choses se corsent…

D'autres fouines, en vadrouille par là, examinent l'objet inconnu, farfouillent dans les cavités et laissent des traces odorantes de leur passage. De retour sur votre terrain, vous laissez «votre» fouine stupéfaite. Elle suppose sans doute qu'une congénère a violé toutes les règles du jeu et utilisé sans invitation son antre préféré. C'est l'affront absolu! Sous le feu de la colère, elle tente d'éliminer les traces et s'attaque à sa rivale. Des tuyaux mous... Voilà l'idéal pour se défouler. Et elle ne se contentera pas de donner quelques petits coups de dents prudents, comme quand elle examine, mais les sectionnera avec violence. On devinera à quel point une fouine s'est déchaînée à l'état des isolants posés sous le capot. Il ne s'agit parfois que de quelques griffures, mais, dans le cas de notre vieille Opel Vectra, l'isolant pendait en lambeaux quand nous avons vérifié. La fouine s'était visiblement couchée sur le dos pour porter des coups furieux autour d'elle et arracher des morceaux entiers de ses griffes pointues. Les fouines des moteurs n'aiment donc pas forcément les voitures, mais elles détestent la concurrence. Si vous garez votre véhicule toujours au même endroit la nuit, il ne se passera sans doute pas grand-chose.

Pour faire peur aux fouines, il y a désormais d'innombrables astuces. Des cheveux placés dans de petits sachets ou des blocs WC suspendus dans le compartiment moteur sont des trucs qui ne marchent au mieux que quelques jours. Nous avons essayé quelque temps de saupoudrer du poivre sur le moteur. Cela n'a pas non plus été durablement efficace. À la différence d'un électrochoqueur placé dans le compartiment moteur et pourvu d'une série de plaquettes. On dispose celles-ci là où l'animal a l'habitude de marcher, et, après un premier contact, il les évite. Le répulsif électronique, qui réagit au mouvement en émettant des ultrasons et des flashs, est, lui aussi, efficace. Mais les appareils qui diffusent des ultrasons en continu abrutissent les animaux. De plus, le vacarme permanent est malsain pour les chauves-souris et d'autres espèces; je ne les conseille donc pas.

Qu'en est-il, enfin, de nos animaux domestiques ? Nous adorent-ils ? Restent-ils près de nous de leur plein gré ? Ou est-ce la peur qui les retient ? Là où il y a une clôture, on peut faire l'économie de la question : les vaches, les chevaux et tout aussi bien nos chèvres sont détenus au sens strict du terme, même s'ils n'en ont pas forcément l'impression. Aussi dérangeante que soit la comparaison, on pourrait parler d'une sorte de syndrome de Stockholm. Ce phénomène fut découvert par le psychiatre américain Frank Ochberg, qui a étudié la relation entre malfaiteur et victimes lors de l'attaque à main armée d'une banque suédoise en 1973. Les otages développèrent envers le kidnappeur de trente-deux ans des sentiments comparables à ceux d'un enfant pour sa mère. Ils éprouvèrent, en revanche, de la haine à l'endroit de la police et des autorités. Cette réaction paradoxale, qui fut observée dans d'autres circonstances semblables, est considérée comme un réflexe de protection psychique servant à surmonter sans trop de dommages une situation dangereuse[64].

Si les animaux ont une sensibilité comparable à la nôtre (et je pars de ce principe), peut-être développent-ils, eux aussi, des stratégies de ce genre ? Quand ils sont placés en captivité, nous ne leur sommes pas encore familiers, et ils gardent leurs distances, méfiants. Ils ne nous accueillent avec joie qu'au bout d'un certain temps, quand ils nous voient, de loin, nous diriger vers la pâture. Cela vous semble affreux ? Que des chèvres et des chevaux soient gardés prisonniers toute leur vie derrière une clôture n'est pas ce que la nature a prévu pour eux. Ne nous racontons pas d'histoires : ces animaux iraient aussitôt courir ailleurs s'ils le pouvaient. Développer une sorte de syndrome de Stockholm serait sans doute la meilleure solution pour eux : ils accepteraient ainsi leur sort sans trop en pâtir.

Nos chèvres et nos chevaux, avons-nous constaté en travaillant dans la pâture, aiment bien être auprès de nous.

Évidemment, leur accueil joyeux pourrait aussi avoir un rapport avec la nourriture distribuée : ce n'est alors qu'aux porteurs de repas qu'ils feraient la fête… Avec les chiens et les chats, la situation est légèrement différente. Pas tellement au début de la relation, qui leur est imposée, à eux aussi : nous les ramenons chez nous, où il leur faut passer quelques jours en retenue ou en laisse lors des promenades, jusqu'à ce qu'ils se soient habitués à nous. L'accoutumance qui se produit n'est donc pas tout à fait volontaire. Mais ensuite, le chien et le chat recouvrent leur liberté et pourraient tout à fait prendre la poudre d'escampette. Or ils ne le font pas. Les rares cas où des individus sans maître se joignent à l'homme sont encore plus beaux. Le caractère forcé n'est pas inhérent à cette relation ; de vraies associations sont possibles.

Et, du reste, elles n'existent pas qu'entre homme et animal, mais aussi entre espèces animales différentes. Loups et corbeaux forment des tandems de ce genre, comme me l'a raconté Elli Radinger, une chercheuse spécialiste des loups. Les corbeaux aiment vivre parmi les meutes de loups, et les louveteaux, tout petits, jouent déjà avec les oiseaux noirs. Si des ennemis de grande taille, tel le grizzly, approchent, les corbeaux préviennent leurs amis à quatre pattes. Ces derniers revalent ça à leurs compagnons à plumes en les laissant partager leurs proies.

Happy few

AVEZ-VOUS LU *WATERSHIP DOWN**? CE ROMAN HALETANT de Richard George Adams raconte la vie d'un groupe de lapins dans un comté anglais. Fuyant la destruction de leur garenne, ils sont contraints d'émigrer, se cherchent une nouvelle patrie et, une fois arrivés, doivent se battre contre les clans locaux, jusqu'au jour où ils réussissent enfin à se faire une place. Nous hébergeons, nous aussi, dans le jardin de notre maison forestière, une famille de lapins. Hazel, Emma, Blacky et Oscar vivent dans un petit enclos, avec assez d'espace pour gambader et de quoi s'abriter en cas d'intempéries. Il est facile d'y observer leur vie sociale. Même s'il y a bien quelques chamailleries, les marques de tendresse l'emportent. Les rongeurs se lèchent mutuellement ou s'allongent, par les chauds jours d'été, blottis à l'ombre les uns contre les autres. Il y a certes une

---

* D'abord publié en France sous le titre *Les Garennes de Watership Down* (Flammarion, 1976), ce roman mythique, vendu à plus de 50 millions d'exemplaires, a fait l'objet d'une récente réédition : Richard Adams, *Watership Down*, trad. Pierre Clinquart revue et corrigée, Bordeaux, Monsieur Toussaint Louverture, 2016.

hiérarchie entre eux, mais avec quatre lapins seulement, il ne faut pas s'attendre à de grandes révélations.

L'étude menée par le professeur Dietrich von Holst, de l'université de Bayreuth, avait une autre ampleur : il aménagea un terrain expérimental de vingt-deux mille mètres carrés pour des lapins de garenne, qu'il observa pendant vingt ans. La taille de la population variait sans arrêt, maladies et prédateurs emportant parfois jusqu'à quatre-vingts pour cent des animaux sexuellement matures. D'un autre côté, les rongeurs, fidèles à leur réputation, se reproduisaient à grande vitesse, si bien que l'effectif atteignit jusqu'à cent adultes. Ces hauts et ces bas ne touchèrent toutefois pas de la même façon toutes les « couches sociales ». Les lapins respectent, en effet, une hiérarchie, propre à chaque sexe. Chacun défend sa position avec acharnement, et cela, pour une bonne raison : les dominants ont plus de succès en matière de reproduction. Les mâles et les femelles qui donnent le ton sont certes plus agressifs, mais, dans l'ensemble, ils sont moins stressés. Cela semble logique : qui subit des brimades en permanence vit dans la crainte perpétuelle de la prochaine attaque ; qui est au sommet de la hiérarchie n'a un taux d'hormones du stress équivalent que durant les brefs affrontements. Rien d'étonnant, donc, dans les résultats du professeur von Holst, à savoir que le stress est moindre chez les lapins du sommet de la hiérarchie.

De plus, ces animaux-là avaient des contacts sociaux très intenses avec l'autre sexe, ce qui contribuait aussi à leur détente. La durée de vie moyenne des lapins adultes observée par von Holst était de deux ans et demi, avec de nettes différences au sein de la hiérarchie. Alors que les animaux de rangs inférieurs mouraient souvent quelques semaines après avoir atteint leur maturité sexuelle, le gratin des lapins vivait jusqu'à sept ans. Et cela non pas parce qu'ils auraient eu davantage à manger ou auraient été moins victimes des prédateurs. Non, ce qui était déterminant, c'était bien leur faible niveau de stress. Vivre au calme, sans être soumis à la peur diminuait les risques de maladie intestinale, première cause de mortalité chez les lapins.

Bons et méchants

LES ANIMAUX NE SONT PAS MEILLEURS QUE NOUS ET PEUVENT se montrer d'une grande agressivité. Non seulement envers d'autres espèces, mais également entre eux : il suffit pour s'en convaincre d'un coup d'œil dans notre jardin. Du côté de la route vivent quatre colonies d'abeilles, qui sortent assidûment faire provision de nectar alentour. La tâche est fatigante puisqu'il faut, pour un malheureux gramme de miel, visiter huit à dix mille fleurs[65]. Le fardeau sucré n'est pas collecté pour l'apiculteur que je suis, mais servira, l'hiver, à fournir de l'énergie à la colonie pour mieux lutter contre le froid. Si tout ne se passe pas comme prévu durant l'été et que les réserves sont encore insuffisantes, on se met en quête de sources plus abondantes. La promesse de salut ne vient pas toujours de fleurs multicolores ; une occasion peut soudain se présenter ailleurs : chez une colonie affaiblie du voisinage. Des éclaireuses s'en vont tester ses capacités défensives et, si celles-ci sont médiocres, du fait, par exemple, d'une infestation parasitaire ou de l'utilisation alentour de pesticides agricoles, on passe à l'attaque. La lutte est acharnée au trou de vol de la ruche, mais les défenseuses ne résistent pas longtemps face aux envahisseuses. Il arrive un moment où la supériorité de ces dernières est si écrasante qu'un flot d'abeilles étrangères gagne l'intérieur de la ruche, laissant les dernières combattantes à l'agonie. Les conquérantes se ruent sur les rayons de miel, arrachant dans leur hargne les couvercles de cire. Elles pompent, se remplissent le jabot à toute vitesse, puis rentrent chez elles annoncer l'heureuse nouvelle au reste de la colonie : de la nourriture à profusion est stockée là, tout près ! Autour de la ruche saccagée retentit le vrombissement des milliers d'ailes des pilleuses, qui font l'aller-retour. Quand il n'y a plus rien à prendre, un silence absolu s'installe. Il est déjà arrivé, hélas, qu'un tel spectacle se joue dans mon jardin, et, quand j'ai soulevé le couvercle abritant la colonie défunte, une scène de désolation m'attendait. Les rayons étaient déchirés, déchiquetés, réduits à quelques miettes de cire éparpillées au fond. Quelques abeilles mortes gisaient là, au milieu – et c'était tout.

Mais les assaillantes ne s'arrêtent pas en si bon chemin. Elles ont désormais appris que l'on peut se rendre la vie bien plus facile en attaquant ses voisines. Si les conditions sont réunies, elles recommencent avec la colonie suivante. En tant qu'apiculteur, tout ce qu'on peut faire, c'est séparer les plus querelleuses, en déplaçant l'une des ruches à plusieurs kilomètres, le temps que le calme revienne. Dans la nature, ce n'est évidemment pas possible, si bien que le jeu se poursuit jusqu'à ce qu'il n'y ait plus, face à face, que des colonies fortes qui se tiennent en échec.

Les abeilles ne sont d'ailleurs pas les seules à paniquer à l'approche de l'hiver. L'ours brun, par exemple, qui ne peut stocker ses réserves pour hiverner, doit se constituer une couche de graisse en mangeant. Quand, à l'automne, il n'y a plus grand-chose à se mettre sous la dent, ou bien que certains animaux, âgés, ne parviennent plus à accumuler autant, les choses se compliquent – y compris pour l'homme. Un documentariste animalier m'a raconté la triste histoire de son collègue Timothy Treadwell, qui se considérait comme l'ami des ours et refusait toute mesure de protection. Un jour, il se mit à observer un vieux mâle grizzly dans le parc national de Katmai, en Alaska. Celui-ci n'était visiblement pas encore assez gras pour la saison froide. Peut-être n'était-il plus assez agile à la pêche au saumon ? Ce type d'animal est considéré comme particulièrement dangereux par les experts. Mais, comme toujours, Treadwell n'avait ni arme ni spray au poivre sur lui. Le vieil ours l'a attaqué et tué. Son amie, qui assista, choquée, à toute la scène, se mit à crier. Cet « appel du prédateur » (cri de détresse d'une proie, qui déclenche l'instinct de chasse chez le prédateur) signala à l'ours qu'il n'avait pas encore tout attrapé, si bien que la femme fut, elle aussi, victime de la bête affamée. On la retrouva plus tard, enterrée non loin de la tente. Si l'on a pu reconstituer dans le détail les dernières minutes du couple, c'est parce qu'il en existe une trace sonore. Une caméra, en effet, était en train de tourner, puisque Treadwell avait l'intention de filmer le vieil ours. Le couvercle était encore sur l'objectif, mais le son, lui, fut enregistré.

Revenons aux guerres entre animaux. On ne peut parler de guerre, au sens humain du terme, que chez les espèces vivant en grandes formations sociales. Sous nos latitudes, ce sont les abeilles, les guêpes et les fourmis qui organisent des razzias, comme celles des colonies de notre jardin. En revanche, si des individus isolés se sautent à la gorge, on parlera plutôt de combats, tels qu'il en existe chez de nombreux oiseaux et mammifères mâles.

Les animaux peuvent-ils donc se montrer méchants et sans cœur ? C'est parfois l'impression qu'ils nous donnent. Mon bureau a deux fenêtres d'angle, qui donnent sur un bouleau de quatre-vingts ans planté devant la maison. Le vieil arbre (les bouleaux ne dépassent guère cent ans) est déjà grignoté par l'usure du temps – ou plutôt par un pic. À cinq mètres de hauteur se trouve une cavité naturelle où nicher, qui fut, au fil des ans, investie par différentes espèces d'oiseaux. Après le pic, des sittelles torchepots s'y installèrent plusieurs années, suivies par des étourneaux sansonnets. Ces oiseaux au plumage tacheté commencèrent à élever joyeusement leurs petits. Et puis, un jour, je les entendis s'égosiller à tout rompre et, en regardant par la fenêtre, je vis une pie qui ne cessait de voler vers l'arbre. Tout à coup, elle s'agrippa au trou de vol et en tira un petit étourneau. Elle le laissa tomber au pied de l'arbre, puis commença à s'acharner sur lui. Instinctivement, je laissai tout en plan et me précipitai dehors. La pie s'envola quelques mètres plus loin et renonça à sa proie. Le jeune étourneau était hagard, mais ne semblait pas avoir subi de graves blessures. Après être allé chercher une échelle, je remis avec précaution l'oisillon dans son nid. Autant que je pus m'en apercevoir, il n'y eut pas d'autres attaques, et le jeune étourneau put sans doute faire ses débuts dans la vie en compagnie de ses frères et sœurs.

Mais il est possible que j'aie empêché les choses de se passer comme elles l'auraient dû. De quel droit étais-je intervenu dans l'affrontement ? D'accord, le petit étourneau m'a fait de la peine, et je n'ai pas pu le regarder se faire tuer sans rien faire. Mais n'était-il pas, du point de vue de la pie, un simple morceau de viande, dont elle avait urgemment besoin pour ses poussins ? Et si l'un d'eux, du coup, était mort de faim ? À l'instant où elle a tiré le petit étourneau du creux de l'arbre, la pie m'a semblé méchante. Mais l'était-elle vraiment ? Qu'est-ce, d'ailleurs, qu'être méchant ? Est-ce une question de point de vue ? Si c'est le cas, je fus aux yeux de la pie le méchant qui a empêché une mère ou un père de rapporter une proie. Pour son espèce, le bel oiseau noir et blanc a eu un comportement absolument irréprochable. Et je suis, moi aussi, un représentant typique de mon espèce, puisque la plupart des observateurs auraient éprouvé la même pitié que moi.

Qu'en est-il quand l'incident n'implique que des animaux de la même espèce ? Ce n'est pas rare dans la nature, comme nous le montre l'ours brun. Chez les ours, ce sont les mâles qui peuvent se montrer très dangereux pour les jeunes. Quand la saison des amours approche, les ours mâles cherchent des femelles prêtes à s'accoupler. Mais les mères, avec leurs petits dans les pattes, ne sont pas d'humeur, et les mâles n'y vont pas par quatre chemins : ils tuent la descendance, et peu de temps après, les mères sont de nouveau prêtes pour la future gestation, réaction naturelle d'urgence. Comme elles le savent, les ourses s'efforcent de se tenir à distance des soupirants potentiels. Une autre stratégie consiste, pour elles, à s'accoupler avec le plus de mâles possible. Chaque ours, qui pense alors être le père des adorables oursons, les laisse ensuite en paix avec leur mère. Des scientifiques de l'université de Vienne ont découvert que ce comportement est bien une stratégie de défense de la part de la femelle, qui n'est pas mue par le pur plaisir sexuel. Ils ont étudié des ours pendant vingt ans en Scandinavie, et ont observé ce comportement surtout dans des populations où un nombre très important de jeunes étaient victimes de ce type d'attaque[66].

Ces ours mâles sont-ils méchants ? En quoi se montrer méchant consiste-t-il ? Le dictionnaire parle d'acte « moralement mauvais, blâmable ». Il faudrait donc que l'acte soit mû par la volonté d'enfreindre la morale, et ce au détriment d'autrui. Or ce n'est le cas ni de la pie ni de l'ours, car ce qu'ils font est normal au sein de leur espèce respective.

Le comportement de notre nouvelle lapine blanche, en revanche, n'était pas normal. Nous voulions passer des bâtards, courants à la campagne, à des lapins de race et, dans cette perspective, nous nous sommes rendus dans un village voisin pour voir des lapins blancs de Vienne. Ces animaux avaient un pelage souple et doux, ainsi que de ravissants yeux bleus. Conquis, nous en avons ramené quelques-uns avec nous. Ils avaient un vaste espace pour se dépenser, mais l'idylle ne dura que quelques semaines. Un jour, en arrivant au clapier, nous vîmes par terre un vrai paquet de misère. C'était une femelle, dont les oreilles avaient été tellement tailladées qu'elles pendaient comme des chiffons. Très peinés, nous avons pensé qu'un violent combat hiérarchique avait eu lieu. Au fil des jours, la malheureuse eut cependant de plus en plus de compagnes d'infortune aux oreilles tailladées, et l'observation transforma nos soupçons en certitude : c'était l'une des femelles qui infligeait ces cruelles blessures aux autres avec les griffes acérées de ses pattes avant. La brute était logiquement celle qui gambadait encore les oreilles intactes. Plus pour longtemps, toutefois, puisqu'elle finit – qu'on nous pardonne – à la casserole, sans autre forme de procès.

Cette lapine était-elle méchante ? Je le pense, car son comportement n'était ni légitime au sein de l'espèce, ni moralement défendable. Et il cachait bien une méchante intention ; la lapine avait agi de sa propre initiative, sans y avoir été poussée par les autres. On pourrait objecter qu'elle était peut-être traumatisée par une abominable expérience de jeunesse. Certes, mais n'est-ce pas aussi toujours le cas, ou presque, chez les malfaiteurs humains ? Il est possible, en le démêlant suffisamment, de remonter le fil de tout acte méchant jusqu'au point où il devient explicable, et donc excusable. Qu'il me soit permis, pour simplifier, d'appliquer ici à l'animal et à l'homme le même critère : celui du libre arbitre, dont l'homme dispose, sauf exception, pour prendre des décisions. Bon nombre d'animaux en ont aussi un.

L'heure du marchand de sable

POUR MOI, UN ÉTÉ SANS MARTINETS NOIRS N'EST PAS UN véritable été. Ces oiseaux ressemblent aux hirondelles, mais en beaucoup plus gros et surtout plus rapides. Poussant des cris perçants, ils filent à toute berzingue entre les tours des villes, pour chasser les insectes ou juste pour s'amuser. À l'inverse des autres espèces d'oiseaux, les martinets noirs passent presque toute leur vie dans les airs. Ils se sont tellement adaptés à vivre dans le ciel que leurs pattes sont atrophiées et ne leur servent plus qu'à s'accrocher. Bien sûr, il leur faut aussi couver, mais leurs nids, construits dans les rochers ou les fissures d'un mur, sont conçus pour être accessibles par voie aérienne. En dehors de la couvaison, les oiseaux font tout en plein vol – jusqu'à l'accouplement, qui a souvent lieu très haut dans les airs, l'acte faisant proprement défaillir le martinet noir. Le mâle, cramponné à la femelle, n'est pas dans la meilleure posture pour voler, ce pourquoi les couples tombent souvent en vrille à s'en rompre le cou, sauf s'ils se détachent à temps pour ne pas s'écraser.

Mais ce n'est pas pour cela que je voulais vous présenter le martinet noir : c'est pour sa façon de dormir. La plupart des êtres vivants (y compris les arbres !) ont besoin de dormir, et, pour ce faire, les oiseaux se posent en général dans un petit coin, à l'abri. Nos poules, par exemple, rejoignent bien sagement le poulailler quand la nuit tombe ; elles grimpent à l'échelle et s'installent sur une barre. Là, elles se blottissent les unes contre les autres. Elles n'ont pas à craindre de tomber pendant la nuit : comme chez la plupart des oiseaux, leurs tendons se raccourcissent quand elles se posent, si bien que leurs doigts se courbent automatiquement. C'est ainsi que les poules peuvent s'accrocher à la barre sans avoir à forcer. Comme tous les oiseaux, les poules rêvent, et il pourrait leur arriver – tout comme à nous – de remuer dans leur sommeil suivant leur cinéma intérieur, ce qui provoquerait leur chute de la barre (ou de l'arbre, chez les oiseaux vivant en liberté). Mais les muscles concernés sont aussitôt désactivés, si bien que les oiseaux passent la nuit tranquilles, la tête glissée sous l'aile.

Et les martinets noirs, alors ? Jamais ils ne se posent sur une barre, pas plus qu'ils ne restent au sol ou au nid plus que nécessaire. Quand ils ont envie de dormir, ils le font en volant. C'est évidemment très risqué, car ils n'ont plus alors le contrôle total de ce qu'ils font. Ils s'élèvent en vrille de quelques kilomètres, jusqu'à ce que la distance entre eux et le sol soit suffisante. Puis ils amorcent un virage, suivi d'une lente descente planée. Ils peuvent alors somnoler quelques instants tranquilles. Pas plus, car il leur faut se réveiller à temps, avant que ça sente le roussi et que les premiers toits se rapprochent dangereusement. Ces oiseaux parviennent-ils vraiment à se reposer ? Assurément, car le sommeil diffère d'une espèce à l'autre. Avec un point commun tout de même : la nécessaire coupure d'avec les influences extérieures, ou au moins leur atténuation, l'une ou l'autre permettant à certains processus de se dérouler tranquillement dans le cerveau. Le sommeil de l'homme n'est pas régulier non plus, mais fait de phases de profondeurs différentes. Nos chevaux, quant à eux, n'ont pas besoin de beaucoup de sommeil profond. Souvent, quelques minutes suffisent, durant lesquelles ils restent allongés sur le côté, l'air vanné. Ils sont alors si loin au pays des rêves qu'ils ne perçoivent plus rien et que leurs pattes bougent convulsivement comme s'ils galopaient dans une prairie imaginaire. Pour le reste, comme les martinets noirs, ils somnolent quelques heures par jour.

Rappeler que les animaux dorment, eux aussi, c'est enfoncer une porte ouverte. Même les petites mouches du vinaigre ont besoin de dormir, et leurs pattes gigotent pendant ce temps-là comme celles du cheval. Mais la question la plus passionnante à propos du sommeil des animaux est la suivante : à quoi peuvent bien rêver les créatures qui partagent notre terre ?

Chez l'homme, ces voyages mentaux ont lieu, la nuit, durant la phase dite MOR (mouvements oculaires rapides), encore appelée sommeil paradoxal. Nous roulons alors des yeux sous nos paupières closes, et si nous nous réveillons à ce moment-là, nous pouvons presque toujours nous souvenir de nos rêves. Nombre d'espèces animales ont, elles aussi, les yeux qui bougent durant la nuit, et cela d'autant plus que leur cerveau est gros par rapport à leur corps. Mais, comme les animaux ne peuvent rien nous raconter, il nous faut chercher ailleurs pour comprendre ce qui se passe dans leurs têtes. Des chercheurs du Massachusetts Institute of Technology, près de Boston, ont étudié des rats dans cette intention. Ils ont mesuré leurs ondes cérébrales tandis qu'ils cherchaient ardemment de quoi manger dans un labyrinthe. Puis, ils ont comparé ces mesures avec d'autres, prises alors que les rongeurs dormaient. Les parallèles furent si nets que les chercheurs purent même voir, grâce à ces données, dans quelle partie du labyrinthe les rats se trouvaient en rêve[67].

On a même fait des découvertes inattendues chez le chat dès 1967. Michel Jouvet, chercheur à l'université de Lyon, se débrouilla pour empêcher les muscles des félins de se détendre pendant leur sommeil. Normalement – chez nous aussi –, le corps désactive les muscles volontaires, pour éviter que nous tapions furieusement autour de nous en rêvant, ou que nous nous promenions les yeux fermés dans la chambre. Ce mécanisme n'est utile qu'au rêveur, et, si on le désactive, on peut alors, en observateur extérieur, suivre en direct ce que le dormeur est en train de vivre. Jouvet vit ainsi les chats de son expérience faire le gros dos, feuler ou se promener – tout en restant profondément endormis. On considère depuis comme avéré que le chat rêve[68].

Éloignons-nous à présent de la branche des mammifères, sur l'arbre du règne animal, pour aller du côté des insectes. D'aussi petites têtes peuvent-elles abriter quelque chose de cet ordre ? Les quelques cellules que compte un cerveau de mouche peuvent-elles produire des images pendant le sommeil ? Des indices suggèrent aujourd'hui que ces minus-cules amas de cellules sont plus performants qu'on a voulu le croire jusqu'ici. Comme évoqué plus haut, les pattes de la mouche du vinaigre gigotent quand elle s'endort, et son cerveau est particulièrement actif durant son sommeil – ce qui est un parallèle de plus avec les mammifères. Peut-on pour autant affirmer que la mouche du vinaigre rêve ? Les réactions de son corps l'indiquent, mais quelles sont alors les images qui surgissent dans sa petite tête ? Nous ne pouvons pour l'instant que l'imaginer (des fruits trop mûrs, peut-être[69] ?).

Oracles animaliers

JE DOIS L'AVOUER : J'AI LONGTEMPS ÉTÉ UN PEU SCEPTIQUE quant au prétendu sixième sens des animaux. C'est vrai, chez bon nombre d'espèces, certains sens sont particulièrement développés. Mais sont-ils assez puissants pour percevoir les signes avant-coureurs de catastrophes naturelles, indétectables autrement ? Je suis désormais d'avis que ce sixième sens est un outil indispensable pour survivre dans la nature. Et si, chez nous, il a été enfoui par la civilisation et l'environnement artificiel dans lequel nous vivons, cela ne signifie pas que nous l'avons complètement perdu.

À propos d'enfouissement, qui voudrait finir enterré vivant sous une couche de lave ? Les chèvres, en tout cas, semblent avoir très peur de subir un tel sort : c'est du moins une interprétation possible des capacités découvertes chez elle par Martin Wikelski. Ce chercheur de l'institut Max-Planck a équipé d'émetteurs GPS un troupeau de chèvres vivant sur l'Etna, en Sicile. Certains jours, il observa une soudaine agitation, comme si un chien menaçait les chèvres. Elles couraient de-ci, de-là, cherchaient à se réfugier sous des arbres ou des buissons. Une éruption conséquente avait toujours lieu quelques heures plus tard. En cas d'éruption de plus faible intensité, ce comportement d'alerte précoce ne se manifestait pas. Car à quoi bon ?

Comment les chèvres font-elles pour percevoir le risque imminent ? Les chercheurs n'ont, hélas, pas encore de réponse définitive. Ils supposent que les gaz émanant du sol peu avant l'éruption jouent un rôle[70].

Les animaux de nos forêts sont capables, eux aussi, de pressentir pareil danger. Le volcanisme est un sujet sérieux en Europe, y compris chez moi, dans l'Eifel, où se dressent nombre de vieux volcans et quelques spécimens récents, comme le Laacher See. « Récent », c'est-à-dire que sa dernière éruption remonte à quelque treize mille ans et qu'il est toujours en activité. À l'époque, seize kilomètres cubes de blocs de roche et de cendres furent projetés en l'air ; ils ensevelirent plusieurs villages de l'âge de pierre et assombrirent le ciel en plein jour jusqu'en Suède. Le danger est donc à prendre au sérieux, même si la probabilité d'une nouvelle éruption est considérée comme faible.

En Allemagne, c'est la fourmi rousse des bois qui a attiré l'attention des chercheurs. Notamment de l'équipe du professeur Ulrich Schreiber, de l'université de Duisbourg-Essen, laquelle n'a pas lésiné sur les moyens : plus de trois mille fourmilières des montagnes de l'Eifel furent recensées afin d'établir une carte. Leur disposition se révéla en rapport évident avec des fissures de la croûte terrestre provoquant des éruptions volcaniques et des tremblements de terre. L'équipe constata que les fourmilières se concentraient aux croisements de ces lignes de perturbation. Il y remonte du sol, en effet, des gaz très différents, par leur composition, de l'air environnant. C'est ce qu'aiment les fourmis rousses, qui privilégient ces endroits pour y construire leurs logis[71]. Je ne peux m'empêcher d'y penser chaque fois que je tombe en forêt sur l'une de ces belles structures grouillant d'insectes affairés. Personne ne sait jusqu'à présent pourquoi les fourmis apprécient ces endroits-là en particulier. Mais il est évident qu'elles sentent les infimes différences de concentration gazeuse – tout comme les chèvres. D'innombrables rapports signalent des phénomènes similaires partout dans le monde.

Les animaux sont-ils donc fondamentalement plus sensibles que nous ? Certaines espèces, il est vrai, se distinguent particulièrement dans tel ou tel domaine. L'aigle voit mieux, le chien entend mieux et a un meilleur odorat que nous. Pour autant, nos sens, pris dans leur ensemble, sont efficaces, et nous placent dans la moyenne des autres espèces. Pourquoi, dans ce cas, remarquons-nous si peu, contrairement aux animaux, les changements qui affectent notre environnement ? L'explication, à mon avis, se trouve dans le rythme de la vie moderne, dans la multitude des stimulations qui nous submergent, tant chez nous qu'au travail. La plupart des odeurs que nous sentons, par exemple, ne viennent plus des bois et des prés, mais des tuyaux d'échappement, des émanations des imprimantes de bureau, ou encore des parfums et déodorants appliqués sur nos corps. Ce flot d'odeurs artificielles recouvre les senteurs naturelles. Il n'y a qu'à la campagne que les choses sont différentes, quand on se promène beaucoup dans la nature. Chez nous, on sent encore à cinquante mètres un malheureux cyclomoteur qui rejette, dans une épaisse fumée, les gaz malodorants de son moteur à deux temps. Quand il pleut, l'air de la forêt s'enrichit aussitôt d'odeurs de champignon, promesses d'une copieuse récolte quelques jours plus tard.

Il en va de même pour notre acuité visuelle. Un jeune qui reste assis devant un ordinateur ou à surfer sur son smartphone aura plus de risque de devenir myope que celui qui passe le plus clair de son temps à se promener dehors. Chez les jeunes générations, la myopie est de plus en plus répandue : elle touche désormais presque cinquante pour cent des 25-29 ans en Allemagne*, comme le montre une récente étude de l'université de Mayence[72]. Y voyons-nous de moins en moins clair ? Heureusement, les lunettes existent, mais la dégradation croissante de notre acuité visuelle me semble symptomatique. À l'origine, les conditions sont réunies pour que l'on soit aussi sensibles aux phénomènes naturels que les animaux. Mais la vie moderne émousse nos sens les uns après les autres. Mon ouïe n'est plus ce qu'elle était : certaines fréquences ont souffert des heures passées autrefois en discothèque et des exercices de tir. Mais tout espoir n'est pas perdu…

Quand les organes sont trop atteints, il n'y a certes plus rien à faire, mais le cerveau peut énormément compenser. Le vol annuel des grues cendrées est pour moi un bel exemple. Je les entends de loin, même à travers des fenêtres bien isolées. Je les ai tellement souvent attendues avec impatience, ces messagères annonciatrices d'un changement de saison, qu'il suffit d'un indice à peine audible, voire d'un pressentiment, pour que je sorte sur le pas de la porte. Et cela ne manque pas : au loin, une formation en V est à l'approche. Quel rapport, me direz-vous, avec le système d'alerte précoce des animaux, objet du présent chapitre ? C'est que les grues en vol indiquent longtemps à l'avance le temps qu'il va faire, car elles aiment voler confortablement le vent dans le dos. Si, par conséquent, elles arrivent par le nord à l'automne, un vent glacial venant du même endroit ne va pas tarder à souffler, éventuellement accompagné des premières neiges. Au printemps, l'apparition en masse des grues donne, à l'inverse, le coup d'envoi de la saison de couvaison, car, dans les régions d'Espagne où elles

---

* En France, le taux de myopie est de 25 à 30 % chez les 16-24 ans, selon le Syndicat national des ophtalmologistes de France. Source : « La myopie, une épidémie mondialisée », Le Monde.fr, 29 novembre 2012.

passent l'hiver, souffle vers le nord un chaud vent du sud, qui fait grimper les températures chez nous.

Il est même possible d'évaluer grossièrement à l'oreille la température du moment. Cela peut sembler hasardeux, mais il n'y a rien là que d'ordinaire : il suffit de relever les indices fournis par les sauterelles et les grillons. Ces animaux poïkilothermes, en effet, ne commencent leur concert qu'à partir de 12 °C, et plus la température grimpe, plus la stridulation s'accélère. On pourrait objecter qu'il est bien plus facile d'évaluer la température en se fiant à sa propre peau. C'est juste, mais notre impression peut être faussée dès lors que l'on s'active et que notre corps produit lui aussi de la chaleur.

Tout comme les oreilles, les yeux peuvent s'exercer. On peut certes corriger un trouble de la vision en portant des lunettes, mais ce qui importe c'est l'entraînement du cerveau qui, comme pour l'ouïe, aiguise notre sensibilité à certains éléments. Je remarque désormais les chevreuils du coin de l'œil, grâce à la seule nuance de couleur se détachant du vert des arbres. Les épicéas attaqués par le scolyte me sautent aux yeux, eux aussi, du fait de leur imperceptible changement de teinte, bien avant l'apparition de différences nettes par rapport aux houppiers sains des arbres voisins. Qu'il s'agisse du vent que je sens tourner sur mon visage, augurant d'un changement de temps ; des minuscules gouttelettes, signes d'une mince couverture nuageuse (qui ne laisse donc pas présager de fortes pluies) ou d'une infime odeur étrange, indice de la présence lointaine d'une charogne : tous ces signes, assemblés tel un puzzle, me fournissent une représentation immédiate de mon environnement et de ses dangers, sans qu'il soit besoin d'une intense réflexion. Si vous appartenez à cette fraction de la population sensible aux changements météorologiques, vous êtes capables de les prévoir bien avant que les premiers nuages n'apparaissent dans le ciel. Les scientifiques ne s'accordent pas, pour l'instant, quant à l'origine de cette sensibilité : s'explique-t-elle, par exemple, par une conductibilité variable des membranes cellulaires ? En tout cas, le fait est que cela fonctionne. Dès lors, les peuples dits « primitifs » sont-ils vraiment plus doués que nous pour lire les forêts et les champs, eux qui sont exposés quotidiennement à toutes ces stimulations ? Mes sens, à moi, ne sont exercés de la sorte que quelques heures par jour. Quant à ceux des animaux, ils le sont toute leur vie ; que ces derniers soient capables d'anticiper tellement mieux que nous les dangers de la nature n'a donc rien d'étonnant.

Et que dire, quand on connaît leur ultrasensibilité, de leur capacité à prévoir le climat ? Les animaux peuvent-ils sentir à l'avance si l'hiver sera rude ? Certaines années, en effet, les écureuils et les geais des chênes enterrent plus de faînes et de glands que d'habitude. On ne saurait pour autant en conclure qu'ils agissent ainsi par prévoyance, afin de passer une longue période neigeuse. Les animaux ne font rien d'autre, dans ces cas-là, que tirer profit de l'offre foisonnante que les arbres mettent à leur disposition. Les hêtres et les chênes fleurissent en même temps tous les trois à cinq ans. Cette floraison succède souvent, au printemps de l'année suivante, à un été particulièrement dur parce que très sec. La bénédiction est donc différée d'un an, de même que la collecte empressée de l'écureuil et du geai. Les observer faire ne nous apprend donc pas grand-chose, sinon à « postvoir », ou voir rétrospectivement, l'été précédent. Dommage !

Les animaux n'ont pas l'art de faire des prévisions météo à long terme. Mais, pour ce qui est des changements de temps à court terme, ce sont de vrais champions. L'une de mes espèces préférées à cet égard est le pinson des arbres. Comme son nom l'indique, il se plaît dans les vieilles forêts de feuillus, mais aussi dans les peuplements aux essences mêlées. Le mâle y chante une jolie phrase musicale à trille.

Pendant mes études, j'ai appris un vers mnémotechnique au rythme identique, et mes collègues français ont aussi le leur : « Tiens, tiens, tiens, voilà Cyprien qui vient*. » Or le pinson ne fait entendre ce chant que par beau temps. Que des nuages sombres s'amoncellent, voire qu'il commence à pleuvoir, et il s'en tiendra à un « rrrhhuuu » monotone. S'il modifie son chant en fonction des perturbations, le pinson des arbres n'est nullement troublé par la présence d'humains, comme je le constate lors de mes rondes quotidiennes. En revanche, la disparition du soleil derrière de menaçants cumulonimbus l'inquiète manifestement.

Quel intérêt, pour les autres pinsons, que le premier à remarquer le changement les avertisse ? Chacun ne peut-il pas lever la tête et repérer lui-même le front des intempéries ? Non, pas sous l'épaisse toiture de feuilles d'une vieille hêtraie, où l'on remarquera au mieux qu'il fait un peu plus sombre que d'habitude. Le coup du sort qui menace ne se peut voir que par une brèche, que la chute d'un géant branchu aura ouverte vers le ciel, ou bien en étant perché tout là-haut dans les houppiers. Et, comme les pinsons ne sont pas tous « au clair », avertir les copains prend tout son sens.

* Source : LPO Isère, Petite Université du Piaf, formation « Chants d'oiseaux », décembre 2016. http://isere.lpo.fr/wp-content/uploads/2016/12/Livret_PUP_par_Jacques_Pr%C3%A9vost.pdf

De la vieillesse

LES ANIMAUX FINISSENT EUX AUSSI, AVEC L'ÂGE, PAR AVOIR des ennuis de santé; tout le monde le sait. Mais que se passe-t-il dans leur tête quand l'infirmité les gagne lentement? Sont-ils conscients du déclin de leurs capacités physiques? La science peine à fournir une réponse franche à cette question, mais l'observation nous donne déjà quelques éléments. Le cheval âgé semble être plus anxieux – et pour cause. Comme nous l'avons vu, le cheval peut parfaitement, en temps normal, somnoler debout; l'articulation de son genou est même conçue pour cela. La rotule de ses jambes arrière – alternativement l'une puis l'autre – se verrouille en l'absence de sollicitation, ce qui empêche la jambe de plier. Le poids est alors soutenu par cette patte immobilisée, tandis que l'autre patte arrière ne repose au sol que par la pointe du sabot. Les pattes avant ont ainsi moins de poids à porter et restent droites toutes les deux. Un cheval peut somnoler de cette façon pendant des heures, sans vraiment dormir. Or, tout comme nous, le cheval a besoin d'un vrai sommeil profond pour garder la santé et rester en forme. Il faut pour cela qu'il se couche sur le côté, les jambes étendues. Il part alors au pays des rêves:

son activité cérébrale s'accroît, et ses sabots s'agitent; parfois, sa lèvre inférieure bouge, comme s'il voulait hennir ou manger en dormant. Une fois réveillé, le cheval doit se relever. Avec un poids de quelque cinq cents kilos et des jambes relativement longues, l'opération demande de la force : l'animal commence donc par se hisser à l'avant, puis prend son élan pour se redresser aussi à l'arrière.

Or prendre son élan et se soulever devient presque impossible pour de vieux chevaux, que l'on voit, par conséquent, avoir carrément peur de se coucher. Même s'ils aimeraient se détendre complètement, couchés sur le côté, ils restent debout par mesure de précaution, se contentant de somnoler. Ce n'est évidemment pas une bonne chose, car, sans sommeil du tout, les forces en réserve s'épuisent encore plus vite. Les chevaux, alors, semblent très bien savoir que leur situation est périlleuse : ne plus pouvoir se lever signifie, de fait, mourir bientôt, car les organes internes vont cesser de fonctionner (à moins qu'un prédateur ne passe par là). Les véritables phases de sommeil diminuent donc au rythme des levers de plus en plus longs et difficiles. C'est ainsi que l'aînée de nos deux juments, âgée de vingt-trois ans, se couche bien moins souvent que sa compagne, de trois ans sa cadette. Viendra un jour où la peur l'emportera – et où Zipy cessera à jamais de rêver.

L'âge a aussi des répercussions chez la biche. Hormis la dégradation de sa musculature, qui fait paraître l'animal plus maigre, son comportement change, lui aussi. Permettez-moi de le dire : la biche devient grincheuse et acariâtre. Mais cela n'a rien de surprenant, car il fut peut-être un temps où elle menait la harde en reine admirée. Le grand âge ne l'empêche pas de concevoir, mais le faon qu'elle mettra au monde restera faible. Avec ses dents tout usées par les années, une vieille biche ne peut plus broyer correctement ce qu'elle mange et souffre donc souvent de la faim. La quantité et la teneur en graisse du lait produit dans son pis diminuent en conséquence, si bien que le petit est, lui aussi, affamé. Il n'est donc guère surprenant que ces faons-là soient très souvent la proie de la maladie ou d'un prédateur, ce qui dégrade encore davantage la position hiérarchique de la vieille biche. Une telle situation ne vous mettrait-elle pas, vous aussi, de sacrée mauvaise humeur ?

Je n'ai quasiment rien lu au sujet de la démence animale. Les animaux, domestiques du moins, vivent beaucoup plus longtemps qu'autrefois, car ils bénéficient des mêmes soins médicaux que nous. Maxi, notre petite épagneule, en est un bel exemple. Elle fut toujours nourrie au mieux, vaccinée, et emmenée chez le vétérinaire à la moindre infection pour y être soignée – et subir un détartrage par la même occasion. Mais, à l'âge de douze ans, Maxi se mit un jour à tituber, et le diagnostic fut vite posé : AVC. Pour nous, ce fut un choc : les jours de notre chienne, d'ordinaire si alerte, étaient soudain comptés. Les médicaments et les piqûres firent cependant vite effet, et Maxi se remit. Elle put vivre pleinement ses vieux jours, malgré le déclin progressif de ses capacités et de ses sens. Un jour, elle se tut purement et simplement : plus question d'aboyer, ce qui n'était guère gênant pour nous, au contraire. Elle perdit l'ouïe du même coup, ce qui était déjà plus embêtant, puisque la communication ne passa désormais plus que par la vue. Malgré tout, notre chienne avait toujours plaisir à vivre. La dernière année, cependant, Maxi commença à perdre la boule, au point de ne finalement plus nous reconnaître. Elle tournait des heures dans son panier comme pour se coucher, mais sans jamais le faire. Quand elle se mit en outre à moins manger, à beaucoup maigrir, et que des ulcères cancéreux apparurent, nous décidâmes, le cœur lourd, de laisser le vétérinaire la délivrer.

Barry, le cocker qui la suivit, évolua, lui aussi, de la même manière jusqu'à sa mort, à l'âge de quinze ans. Outre la perte de ses facultés mentales, il devint incontinent, ce qui nous donna beaucoup de travail et nous coûta cher en shampoing pour tapis. Depuis, il existe des traitements et des médicaments contre le *syndrome de dysfonctionnement cognitif*, comme l'appellent les experts.

Je pense que tous les animaux, en tout cas les animaux supérieurs, peuvent subir pareil sort et être atteints de démence. Les amis des chats rapportent la même chose, et des scientifiques ont observé, dans le cerveau des représentants de cette espèce, des dépôts et des modifications comparables à ceux observés chez les humains malades. Nous avons même eu une chèvre démente dans notre troupeau. Elle avait perdu le sens de l'orientation, et seules les recherches actives de notre fils permirent de la retrouver, paisiblement allongée le long d'un ruisseau, dans les bois.

Il est autrement difficile d'observer le déclin des animaux sauvages, car, atteints de démence, ils sont des proies faciles pour les carnivores. Ils s'isolent du reste du groupe, signalant par là même qu'ils sont sans défense. La nature écarte sans pitié les individus malades dans leur tête. Les prédateurs sont logés à la même enseigne, car, même s'ils ne se font pas dévorer, ils finissent par mourir de faim.

Que se passe-t-il quand la fin est proche alors que l'animal a toute sa tête? La voit-il venir? Bien que rares, certaines personnes sont capables de prévoir leur mort, soit parce qu'elles sont malades et évaluent quasiment à la semaine près le moment de leur départ, soit parce qu'elles sont âgées et fatiguées, et ne veulent tout simplement plus continuer. Pour elles, la mort n'est pas une surprise. Il en va de même pour certains animaux. C'est ainsi que nos chèvres très âgées se sont isolées du troupeau peu de temps avant l'heure, afin de mourir en paix. Elles avaient bien compris que le moment était arrivé. Elles ont alors choisi, pour l'une un coin de pâture isolé, pour l'autre la petite chèvrerie délaissée par le troupeau en ces chauds jours d'été. Nos vieilles chèvres se sont allongées là et sont mortes paisiblement.

Comment est-ce que je le sais ? Cela se voit à la position de l'animal mort. Schwänli, par exemple, notre chèvre préférée, s'était étendue à son aise sur le ventre, les pattes confortablement repliées par en dessous, soit la position qu'adopte normalement une chèvre très détendue pour dormir. Si, au contraire, la chèvre meurt dans la souffrance, la terre est remuée par l'agitation de ses pattes, et elle est allongée sur le côté. Son cou est tordu en arrière, et elle a souvent la langue pendante. On voit sans conteste en observant l'animal qu'il est parti dans la détresse. Ce ne fut pas le cas de notre Schwänli. Elle avait visiblement deviné qu'elle allait mourir et a quitté cette vie très paisiblement.

Cette façon de partir, outre qu'elle nous facilite les adieux, a des avantages pour le groupe, du moins quand il s'agit d'animaux sauvages. Car les vieux animaux faibles constituent un danger pour leurs congénères. Leur lenteur attire les prédateurs. En s'isolant à temps, ils empêchent que soient arrachés au groupe d'autres membres, plus jeunes.

Des mondes inconnus

LA NATURE A L'AIR SI PAISIBLE ET HARMONIEUSE QU'ELLE
rime souvent avec idylle et détente. Des papillons multicolores voltigent sur les prairies en fleurs, les troncs blancs
des bouleaux, les rameaux flottant au vent, dominent les
buissons de leur ligne élancée. Pour nous, la nature est pur
répit, notamment parce que plus aucun danger ou presque
ne nous y guette. Ce n'est pas le cas pour ses habitants,
qui voient cette idylle d'un tout autre œil. Si, par exemple,
vous observez différents papillons de jour et de nuit, vous
verrez deux grandes différences. Les papillons diurnes ont
des ailes joliment colorées. Les motifs du paon du jour, par
exemple, imitent de gros yeux qui font peur aux oiseaux,
entre autres prédateurs. De plus, son corps et ses ailes ne
sont que légèrement velus, de telle sorte que le dessin est
net et brillant aux yeux des agresseurs. Les papillons de
nuit, à côté, ont l'air plutôt monochromes. Le gris et le
brun sont leurs couleurs dominantes, du fait qu'ils passent
leurs journées à somnoler sur les écorces et les branches,
en attendant le crépuscule. De jour, ils sont indolents et
pourraient être des proies faciles pour les oiseaux aux
yeux perçants, sensibles à chaque nuance de couleur. Gare

si jamais la teinte de ses ailes n'est pas assortie à l'écorce, parce que le papillon s'est trompé d'arbre : il ne verra pas le jour, ou plutôt la nuit suivante.

Pour survivre, les papillons s'adaptent sans cesse – même et y compris à notre monde dit civilisé. C'est ce que fit la phalène du bouleau, un papillon reconnaissable au motif noir moucheté qui orne ses ailes blanches – précisément la couleur de l'écorce du bouleau sur laquelle l'insecte, d'une envergure de cinq centimètres, aime à se reposer. Or, en Angleterre, les bouleaux ne restèrent blancs que jusqu'aux alentours de 1945. Ensuite, la quantité de suie libérée par l'industrie en plein développement et la combustion du charbon fut telle qu'une couche poisseuse recouvrit leur écorce. Les papillons jadis parfaitement camouflés crevaient les yeux, désormais, et des centaines de milliers d'entre eux furent dévorés par les oiseaux – à l'exception de quelques anticonformistes. Ceux-ci avaient toujours existé, et, à l'instar des moutons noirs, leurs ailes étaient de couleur foncée – synonyme jusque-là de condamnation à mort. Mais, dorénavant, les spécimens foncés furent gagnants : ils s'imposèrent et, en l'espace de quelques années, la phalène noire était devenue la norme. Ce n'est qu'à la suite des mesures législatives en faveur de la pureté de l'air, prises à la fin des années soixante, que le jeu reprit en sens inverse – et que les bouleaux, plus propres, redevinrent blancs. Voilà pourquoi l'hebdomadaire *Die Zeit* put annoncer, en 1970, que les phalènes blanches étaient de nouveau majoritaires[73].

La nuit, la manière de voir, au sens propre, n'est plus la même. Le rôle des couleurs est alors minime, étant donné que les oiseaux insectivores dorment sur les branches. Mais d'autres chasseurs entrent en scène : les chauves-souris, qui chassent moins avec leurs yeux qu'à l'aide d'ultrasons. Elles poussent des sons aigus et écoutent attentivement l'écho que leur renvoient les objets et les proies potentielles. Le camouflage n'est, en l'occurrence, d'aucune utilité, puisque les mammifères volants «voient» avec leurs oreilles. Il s'agit donc plutôt de se rendre indétectable par l'ouïe. Oui, mais comment? Un moyen consiste, au lieu de renvoyer le son, à l'amortir. Voilà pourquoi nombre de papillons de nuit sont recouverts de poils serrés, qui retiennent les cris des chauves-souris ou, plus précisément, les réfléchissent pêle-mêle dans toutes les directions. Dans le cerveau des mammifères ailés apparaît alors non pas une image de mite claire et nette, mais quelque chose de flou, qui pourrait aussi bien être un petit morceau d'écorce.

Les pigeons voient également les choses d'un autre œil que nous. Ce sont certes, eux aussi, des animaux visuels, très dépendants, par conséquent, de leur vue et de la lumière du jour. Mais, hormis les détails de ce que nous aussi voyons autour de nous, ils perçoivent autre chose encore depuis les airs: un motif qui leur indique la direction de polarisation, autrement dit la direction vibratoire des ondes lumineuses. Or cette polarisation est orientée vers le nord. Les pigeons ont donc constamment une boussole dans leur champ de vision. Il n'est donc pas étonnant qu'un pigeon voyageur soit capable de s'orienter parfaitement sur de longues distances et de toujours trouver le chemin du retour[74].

À partir du moment où nous avons déjà admis l'audition comme «sens visuel» chez la chauve-souris, nous pouvons élargir le spectre à d'autres espèces, pour comprendre ce qu'elles ressentent et dans quel genre de monde subjectif elles vivent. Chez le chien se pose la question de savoir si sa vue, moins développée que la nôtre, n'est pas grandement soutenue par l'odorat et par l'ouïe. Si seule la somme des impressions reçues nous donne une représentation complète de son environnement, alors évaluer sa vue ne nous permet pas de savoir ce qu'un chien voit – mais, tout au plus, de diagnostiquer un urgent besoin de lunettes. Son cristallin, en effet, s'adapte mal à la distance, si bien que sa vue ne devient nette que lorsque l'objet est à moins de six mètres. Mais, si ce même objet se rapproche à moins de cinquante centimètres environ du chien, sa vue redevient floue. La vue du chien mobilise quelque cent mille fibres nerveuses optiques, alors qu'un million trois cent mille sont à l'œuvre dans nos yeux[75].

Même chez nous, animaux éminemment visuels, la vue seule ne suffit pas. Si vous êtes assis en ce moment dans un environnement bruyant, animé, ou non loin du vacarme de la rue, bouchez-vous juste les oreilles. Que vous n'entendiez presque plus rien n'est pas ce qui m'importe. Mais subitement, votre représentation de l'espace environnant se modifie : il perd sa profondeur. Sachant que l'ouïe du chien est quinze fois plus sensible que la nôtre, imaginez le rôle joué par ses oreilles dans sa représentation visuelle !

Je trouve toujours fascinant d'imaginer combien chaque espèce animale voit et sent le monde différemment. Il existe, à cet égard, des centaines de milliers de mondes différents – nombre d'entre eux attendant encore, y compris sous nos latitudes, d'être découverts. En dehors des espèces déjà présentées, l'Europe en recèle des milliers d'autres qui sont, hélas, tellement minuscules et dénuées de charme qu'elles ne font l'objet d'aucunes recherches. Nous ne savons donc pas ce qu'elles ressentent ; or, tant que nous n'avons pas conscience de leur importance, les crédits de recherche susceptibles de leur être affectés restent maigres. Et, tant que l'on ignore ce qui passe à l'intérieur de ces petites bêtes, quels sont leurs besoins et combien elles souffrent de la sylviculture commerciale, il ne vient à l'idée de personne de créer des réserves naturelles pour les protéger.

Pour ma part, en tout cas, je brûle de savoir ce qui se passe à l'intérieur des curculionidés, plus communément appelés charançons. Certains, parmi eux, qui ne savent pas voler, m'ont immédiatement conquis, tel ce minuscule bougre brun, qui mesure seulement deux millimètres et ressemble à un petit éléphant. Ses poils, implantés en bande sur sa tête et son dos, évoquent une coupe iroquoise. Il s'est adapté à la vie dans le feuillage pourrissant des forêts primaires ; or ces dernières présentent une caractéristique essentielle : l'absence quasi totale de changement. Elles accueillent notamment le hêtre, qui crée des communautés très stables, au sein desquelles les arbres se soutiennent si activement par la coalescence de leurs racines – laquelle leur permet d'échanger non seulement des solutions sucrées, mais aussi des informations – que ni la tempête, ni les insectes, ni même le changement climatique ne peuvent quasiment rien leur faire. Il fait bon vivre là quand on est un coléoptère, à grignoter des feuilles flétries. On qualifie ces habitants de la forêt primaire d'*espèces relictes* : en tant que représentantes de la nature originelle, elles témoignent de l'existence séculaire de cette forêt de feuillus. Quel coléoptère aurait envie d'aller vivre ailleurs ? Alors, à quoi bon avoir des ailes ? Se déplacer n'est pas une nécessité, et des milliers de générations peuvent vieillir là paisiblement – comme, par chance, dans les réserves naturelles de mon district, où fut trouvée l'une de ces espèces. Enfin, vieillir… du moins selon les critères des curculionidés, car ces petites bêtes sont déjà des vieillardes au bout d'un an, au plus.

Sans ailes, pas question de s'enfuir ; or, entre les oiseaux et les araignées, les curculionidés ont amplement leur compte de prédateurs. Quand on ne peut ni se sauver ni se cacher, et que l'on a peur, il faut trouver une autre solution : lorsqu'on les dérange, ces coléoptères font tout simplement le mort. Grâce à la couleur brune de leur camouflage à motifs, impossible ou presque de les distinguer des feuilles – y compris, hélas, quand on n'est qu'un hôte de la forêt : leur taille minuscule

– de deux à cinq millimètres – nécessiterait de toute façon une loupe. Faute de recherches approfondies, on ne peut qu'imaginer ce que ces petits pères ressentent, en dehors de la peur. Il n'en était pas moins important pour moi de les évoquer en tant qu'exemples de la multitude d'espèces qui, à défaut d'être au centre de notre attention, ne méritent pas moins d'être considérées. Car la vie qui nous entoure est une merveille de diversité. Des oiseaux multicolores, des mammifères qui se blottissent les uns contre les autres, de fascinants amphibiens ou d'utiles vers de terre : autant de sujets passionnants. Or – et c'est là que le bât blesse –, nous ne pouvons admirer que ce que perçoivent nos yeux, alors même qu'une grande part du monde animal est si minuscule qu'elle ne se révèle à nous qu'à la loupe, voire au microscope.

Pourquoi ne pas nous intéresser, par exemple, aux tardigrades, ou oursons d'eau, dont plus de mille espèces ont été découvertes à ce jour ? Ils ont huit pattes, un joli petit corps, et ressemblent vraiment à de petits ours avec des membres surnuméraires. Ces eumétazoaires (selon la classification savante) de quelques millimètres adorent l'humidité. Nos espèces endémiques vivent d'ailleurs de préférence dans la mousse, qui, elle aussi, aime l'eau et la stocke très bien. Les « ours » minuscules s'y affairent : selon l'espèce, ils se délectent de nourriture végétale ou chassent des créatures encore plus petites qu'eux, tel le ver rond (ou nématode). Mais que se passe-t-il quand leur chez-soi se dessèche durant les chauds mois d'été ? Dans mon district, les jolis matelas de mousse plaqués au bas des gros troncs de hêtre sont alors souvent archisecs, si bien que les tardigrades n'ont plus accès à l'eau. Une forme extrême de sommeil s'empare alors d'eux : le dessèchement. Seul un animal bien nourri survit à ce processus, au cours duquel les graisses jouent un rôle important. Si la perte d'eau est trop rapide, c'est la mort assurée. Mais, si l'humidité s'évapore lentement, l'animal s'adapte, se dessèche, recroqueville ses pattes, et son métabolisme se met au point mort. Dans cet état, le tardigrade peut presque tout supporter : une chaleur torride ne l'affecte pas plus qu'un froid de canard, en l'absence de toute activité biologique. Plus question de rêver non plus, puisque ce cinéma intérieur consommerait de l'énergie. Il s'agit finalement là d'une forme de mort ; d'ailleurs, le vieillissement s'interrompt également durant cette période. Dans les cas extrêmes, les oursons, dont la vie est courte en réalité, peuvent atteindre l'âge de plusieurs décennies jusqu'à ce que tombe un jour la pluie libératrice. Alors, la mousse se gorge d'eau à nouveau, tout comme le petit corps figé du tardigrade. Vingt minutes plus tard, ses pattes sont étendues, l'ensemble de ses structures internes fonctionne à plein – et la vie habituelle ne tarde pas à reprendre son cours[76].

Habitats artificiels

CHAQUE JOUR, NOUS CONTINUONS, NOUS AUTRES HOMMES, à transformer la terre, qui s'éloigne ainsi toujours plus de la nature originelle. Nous avons déjà – c'est inouï – défriché, construit et retourné soixante-quinze pour cent de la surface de la terre ferme[77]. Les sens des animaux n'en sont pas moins adaptés, plutôt qu'à l'asphalte et au béton, à la forêt, au marais ou aux sites aquatiques vierges. Pour mesurer à quel point nous bouleversons leurs habitudes, prenons l'exemple de la lumière artificielle. En Europe, la moitié du ciel nocturne est «polluée» par les lampes; l'éclairage d'une petite ville de trente mille habitants se diffuse déjà à vingt-cinq kilomètres à la ronde. Il est devenu quasiment impossible de contempler un ciel étoilé sans cette nuisance visuelle – et ce n'est pas le moindre mal... Beaucoup d'espèces animales, notamment des insectes, s'orientent grâce aux astres, quand ils sont en vadrouille dans l'obscurité. Ainsi, les papillons de nuit prennent la lune pour repère quand ils veulent voler tout droit : par exemple, ils la laissent à leur gauche quand elle est au zénith et qu'ils souhaitent mettre le cap plein ouest. Mais un petit papillon ne sait pas différencier la lune d'une lampe décorative, qui éclaire le jardin. Alors, quand il s'en vient, voletant au milieu des roses et des tulipes, il change aussitôt d'orientation. De nuit, la source de lumière la plus puissante, c'est bien la lune, non ? Il s'efforce donc de laisser cette nouvelle lune à sa gauche, mais la lampe ne se trouve malheureusement pas à trois cent quatre-vingt-quatre mille kilomètres de lui, mais à quelques mètres seulement. S'il continue à voler tout droit, le papillon se retrouve avec la « lune » dans le dos et a l'impression d'avoir tourné. Le pilote ailé corrige donc son cap vers la gauche pour, s'imagine-t-il, voler à nouveau tout droit. La « lune » se retrouve ainsi comme il se doit à sa gauche, mais, en réalité, l'insecte se met à tourner en orbite autour de la lampe. Sa trajectoire en spirale se resserre inexorablement jusqu'au centre... Si c'est une bougie qui a tenu lieu de lune artificielle, on entend « pof ! », et c'en est fini du papillon.

Mais l'étau se resserre de toute façon. Quand on passe sa nuit à essayer de voler tout droit et que l'on atterrit constamment sur une ampoule, le corps finit par épuiser ses réserves. Alors que l'on voulait juste voler jusqu'aux plantes à floraison nocturne pour faire le plein de nectar, c'est à une cure d'amaigrissement involontaire que l'on est soumis au fil des heures. Et comme si cela ne suffisait pas, les prédateurs ont adapté leur comportement à la nouvelle situation. Chez nous, des araignées aranéomorphes tissent régulièrement leur toile sous la lampe de la porte d'entrée, et la chasse y est fructueuse. Dès lors qu'un papillon amorce son irréversible spirale autour de la lampe, sa course se termine dans les fils collants, où la propriétaire le tue de ses crochets à venin.

Pour les animaux sauvages, ce sont les routes qui constituent un danger particulier. L'asphalte en soi n'a rien de négatif de prime abord : insectes et reptiles peuvent s'y réchauffer jusqu'à atteindre leur température opérationnelle.

Ces surfaces sombres chauffent particulièrement bien et aident les animaux poïkilothermes (qui ne produisent eux-mêmes que peu de chaleur), au printemps notamment, à démarrer plus vite. Mais à la condition seulement qu'aucun véhicule ne vienne à passer, mettant brutalement fin au bain de soleil. Les routes ont par ailleurs leurs aspects attrayants, pour les cerfs et les chevreuils notamment. Leurs talus sont régulièrement fauchés, si bien qu'il y pousse toujours des herbes tendres. Comme la chasse est interdite à proximité de la circulation, pour ne pas mettre en danger les automobilistes, les abords des routes sont tout ce qu'il y a de plus sûr. Ne nous étonnons pas, par conséquent, de voir autant de gibier, la nuit, dans ces biotopes. D'où aussi, malheureusement, le nombre élevé d'accidents impliquant des animaux. Les compagnies d'assurance allemandes font état, dans leurs statistiques annuelles, de quelque deux cent cinquante mille collisions avec soit un sanglier, soit un chevreuil, soit d'autres animaux sauvages – et leur issue est souvent mortelle pour ces derniers[78].

Ils devraient pourtant – en principe – retenir la leçon. Car deux causes font sans arrêt de nouvelles victimes. Il s'agit d'abord de l'imprudence propre à la jeunesse, laquelle existe aussi chez les animaux. Les chevreuils d'un an, par exemple, partent en vadrouille, à la recherche de leur futur territoire. Tandis que leurs congénères établis de longue date font souvent moins de cent mètres dans la journée et la passent à déguster de tendres feuilles de framboisier, les jeunes poursuivent leur chemin tant qu'ils n'ont pas découvert un petit coin libre. Or, compte tenu de la densité du réseau routier, il faut traverser nombre de ces rubans d'asphalte avant de trouver un coin tranquille et inoccupé.

La seconde cause, c'est l'amour. Les brocards, en particulier, perdent complètement la tête pendant la saison des amours et ne pensent plus qu'à une chose : le sexe. En juillet et en août, leurs hormones s'affolent sous l'effet de la chaleur, et les chevreuils passent leur temps à tendre l'oreille, à l'affût du moindre piaulement affriolant. C'est en poussant ce cri que les chevrettes prêtes à s'accoupler attirent leur attention. Certains chasseurs sont capables d'imiter ce piaulement en se servant d'un brin d'herbe ou d'une feuille (l'un ou l'autre coincé entre les deux pouces pour mieux souffler dedans). Je l'avoue : j'ai moi-même un jour trompé un brocard de cette façon, pour voir si cela marchait vraiment. Et, de fait, à peine avais-je émis un premier doux piaulement qu'un brocard bondit hors des buissons avant de regarder autour de lui où pouvait bien se trouver la chevrette de son cœur. Les mâles ont les sens tellement brouillés qu'ils traversent les routes dans le même élan, sans faire attention, quand une aventure les tente de l'autre côté. C'est pourquoi il y a davantage d'accidents l'été impliquant des chevreuils, y compris de jour.

La ville par elle-même est-elle le lieu de tous les maux pour la vie sauvage ? En aucune façon ! En dehors des limites et des dangers dont j'ai parlé, la ville est une aubaine, notamment pour la biodiversité. Alors qu'à ses portes, les champs et les prés, noyés sous des flots de lisier, se dépeuplent, pendant qu'en forêt, les abatteuses scient un arbre après l'autre, tassant au passage irrémédiablement les sols, de nouveaux biotopes, intacts en comparaison, voient le jour entre les rangées de maisons. Il n'est pas étonnant qu'une multitude d'espèces, dont des milliers de plantes, ait quitté les déserts agraires pour y trouver refuge. Les scientifiques considèrent que, dans l'hémisphère Nord, les villes concentrent environ la moitié des espèces régionales et nationales. C'est ainsi que nos agglomérations se transforment quasiment en hotspots de la biodiversité.

Pourquoi est-ce que je remets sur le tapis les plantes et leur propagation dans un livre consacré aux animaux? Pour la simple raison que les herbes, les buissons et les arbres, qui constituent la base de leur alimentation, se situent en bas de la chaîne alimentaire et sont, par conséquent, des indices importants quant à la qualité des biotopes. Le diagnostic positif concerne donc aussi les animaux. On trouve, par exemple, à Varsovie soixante-cinq pour cent des espèces d'oiseaux recensées en Pologne.

La ville est un jeune espace naturel, comparable à une île volcanique qui émerge, nue et déserte, dans un énorme fracas, avant, les années passant, d'être colonisée par les plantes et les animaux. Ces biotopes récents ont en commun les fortes modifications dont ils seront longtemps l'objet; les villes mettront donc, elles aussi, des décennies, voire des siècles à trouver un équilibre incluant ces espèces. À Berlin, Munich ou Hambourg, vous êtes ainsi les témoins d'une évolution certes lente, mais continuelle. Au commencement, un nombre proportionnellement élevé d'espèces non endémiques prend racine dans les villes; ce sont leurs habitants qui les ont plantées là, ou plutôt abandonnées à leur sort dans les jardins et les parcs. Il faudra attendre des siècles pour que des espèces locales se multiplient à nouveau et s'imposent alentour. Les États-Unis et l'Italie nous montrent par leur évolution respective qu'il en va bien ainsi: tandis que, sur le continent américain, le nombre d'espèces non locales diminue d'est en ouest, reflétant les vagues d'établissement des Européens, à Rome, ce nombre est tombé à 12,4 pour cent du nombre total d'espèces. Il est vrai que la Ville éternelle a mis de plus de deux mille ans à parvenir à ce résultat[79].

Une évolution comparable s'observe chez les animaux. Les «généralistes», tel le renard, capables de s'adapter aux milieux les plus divers, ont la tâche facile. Mais les animaux semblent tout de même rencontrer plus de difficultés que les plantes, et ce pour deux raisons : ils ont besoin de territoires plus grands qu'elles et sont menacés par les chats, entre autres animaux de compagnie, ainsi que par la circulation. Et si une espèce, tel le pigeon, s'impose vraiment trop, elle nous devient antipathique, au point parfois que nous la combattons. L'apiculture des villes constitue pour moi une évolution particulièrement positive. À l'inverse des paysages ouverts, le cœur des villes présente tout l'été une offre de plantes à fleurs de qualité, si bien que le nombre de colonies et la quantité de miel produite ne cessent d'augmenter. C'est le signe qu'il doit aussi y avoir en ville suffisamment de nourriture pour les papillons et les bourdons. Nous constatons donc que l'agglomération n'est pas un milieu perdu pour les animaux. Reste à écrire la page suivante, attestant que nous ne négligeons pas pour autant la nécessité de protéger leurs habitats d'origine.

Au service des hommes

LA PLUPART DES ANIMAUX QUE L'HOMME UTILISE MÈNENT une vie indigne. Je veux parler de la multitude de porcs et de poulets que l'élevage intensif considère comme de simples matières premières. Inutile de nous demander si ces animaux travaillent pour nous de leur plein gré et avec plaisir ; la réponse est sans conteste non. Il n'en existe pas moins de formidables duos homme-animal, dont la contemplation nous met en joie. J'en ai un bel exemple dans mon district : il s'agit des débardeurs accompagnés de leurs chevaux, qui prennent en charge les troncs à terre. Il est devenu normal, de nos jours, de couper la plupart des arbres avec des abatteuses, autrement dit des machines à récolter. Elles ne sont pas bénéfiques à la forêt, dans la mesure où, du fait de leur poids, elles tassent le sol fragile jusqu'à deux mètres de profondeur. C'est pourquoi, dans la forêt communale qui m'a été confiée, ce sont des ouvriers forestiers qui sont chargés de récolter le bois. Il faut ensuite transporter les troncs jusqu'aux chemins, ce qui, dans notre jargon, s'appelle débarder. Et, comme il y a des siècles, chez moi, à Hümmel, ce sont de lourds chevaux à sang froid qui font le travail.

Prennent-ils plaisir à travailler ? N'est-il pas monotone de traîner toute la journée de lourdes charges à s'en faire ruisseler la sueur sur les flancs ?

Concernant d'abord le poids : pour que ce ne soit pas trop dur, les ouvriers divisent les troncs en segments de cinq mètres de long maximum, sachant que chaque tronc peut mesurer jusqu'à trente mètres. Non seulement ils sont ensuite moins lourds, mais il est plus facile de les ranger entre les arbres encore debout. C'est alors que les débardeurs entrent en scène. Jamais encore je n'en ai rencontré un seul qui n'aimât pas ses chevaux. Pour eux, ce sont des collègues de travail, auxquels il ne faut pas trop en demander. Étant donné que s'occuper d'eux suppose de faire une croix sur ses soirées et ses week-ends, disons que ce sont plutôt des membres de la famille, sur lesquels il faut veiller. Alors, lorsqu'ils ont recours à eux dans les bois, leurs propriétaires prennent garde qu'il ne leur arrive rien. Mais les chevaux, eux, en redemandent ! Leur goût du travail est évident quand vient l'heure de leur pause. La plupart du temps, un second cheval prend le relais pour que le débardeur ait un rendement suffisant dans la journée. Le « cheval en pause » se met alors, du moins durant la première demi-journée, à gratter impatiemment le sol de ses sabots, montrant qu'il préférerait y retourner tout de suite. Quand il est au travail, un cheval n'a aucun mal à refuser d'avancer, car, le plus souvent, il n'est mené qu'à l'aide d'une longe détendue. Cette malheureuse corde ne suffirait sûrement pas à retenir cette force de la nature de près d'une tonne, non plus qu'à la tirer dans telle ou telle direction. Non, la longe sert uniquement à rester en contact, à adresser au cheval de petits signaux pour le faire avancer. Le reste passe par un incompréhensible charabia, par quelques mots marmonnés : « Jojo, heyhé, brrr ». Le cheval est attentif, pour savoir quelle direction prendre, s'il lui faut avancer de toutes ses forces ou bien y aller doucement.

Les bergers et leurs chiens forment des duos comparables, ces derniers recevant également des instructions verbales. Et, là aussi, le plaisir que prennent les chiens à travailler est manifeste quand ils filent comme des flèches autour des troupeaux pour rassembler les moutons.

À propos des animaux dits domestiques, il y a deux manières complètement différentes de voir les choses. Selon la première, nous avons, par l'élevage, tellement faussé ces créatures qu'elles sont désormais parfaitement adaptées à nos besoins. Les animaux sauvages sont devenus familiers, ont pris de l'embonpoint, et les grands ont rapetissé : quels que soient nos désirs, les animaux sont là pour les servir. C'est ainsi que les espèces d'origine ont parfois été modifiées au point de devenir de curieuses caricatures. Mais on peut aussi voir les choses d'un tout autre œil, et quand je dis « on », c'est en l'occurrence des animaux qu'il s'agit. Car ils ont réussi à tellement se transformer qu'ils savent fort bien appuyer sur nos boutons émotionnels. Et revoilà Crusty, le bouledogue. Ce petit mâle au nez écrasé est d'un naturel charmant : on ne peut s'empêcher de le caresser. Qui manipule qui, dans ce cas ? On lui donne de l'eau et à manger, au moindre bobo, on prend le chemin du cabinet vétérinaire, l'hiver, il a sa place réservée à côté du poêle : la vie de ce petit père est vraiment agréable. S'il se promenait encore dans la peau d'un loup, comme ses ancêtres, il n'en irait sans doute pas toujours ainsi.

L'exemple de la tolérance au lactose nous montre à quel point nous nous sommes adaptés aux animaux qui partagent nos vies. Normalement, seuls les nourrissons tolèrent le lait, car c'est à eux seuls que ce liquide blanc est destiné. La capacité à digérer le lait, ou plutôt son sucre, disparaît progressivement avec le passage à la nourriture solide. Enfin, disparaissait. Car détenir des animaux domestiques a permis aux adultes de manger, eux aussi, du lait et du fromage, en l'occurrence de vache ou de chèvre. Comme il s'agissait d'un aliment à forte valeur nutritive, les communautés au sein desquelles une modification génétique a permis la digestion du lactose ont mieux survécu. Ce processus est avéré depuis huit mille ans environ, et il est encore en cours ; c'est la raison pour laquelle seulement quatre-vingt-dix pour cent de la population au centre de l'Europe et dix pour cent en Asie possèdent cette capacité. En quoi nous sommes-nous adaptés au chien, avec lequel nous vivons peut-être (les scientifiques ne sont pas tous d'accord) depuis quarante mille ans[80] ? Voilà qui reste à étudier.

De la communication

NOUS NE SAURONS JAMAIS SI LES ANIMAUX RESSENTENT LA peur, le chagrin, la joie ou le bonheur de la même manière que nous ; ça, nous l'avons déjà dit. Cela étant, être certain que tel être humain ressent la même chose que tel autre n'est pas non plus possible : vous en avez peut-être fait l'expérience avec la douleur. Faites le test des orties, et vous verrez que certains y sont plus sensibles que d'autres : untel va pousser les hauts cris, alors que c'est à peine si l'autre sentira quelque chose. Mais cela ne nous empêche pas de communiquer et, grâce au langage, de partager nos ressentis. C'est là ce qui nous différencie des animaux.

Vraiment ? Les rapports de recherche publiés sur le grand corbeau tiennent un autre langage, comme nous l'avons vu avec l'exemple des noms. Les sons, plus ou moins aigus, lancés en guise d'accueil à un nouveau venu indiquent par la même occasion en quelle estime celui-ci est tenu. Comment mieux exprimer un ressenti ? De plus, la communication n'est pas faite que de sons. Chez nous aussi, une part considérable de la communication est non verbale : elle passe par la mimique et la gestuelle. Les chiffres varient selon les études, mais, *grosso modo*, le contenu littéral d'un message peut ne compter que pour sept pour cent dans sa transmission[81].

Et chez les animaux, qu'en est-il ? Pas plus que nous, les corbeaux ne s'en tiennent à l'émission de sons. Des chercheurs, réunis autour de Simone Pika, à l'institut Max-Planck d'ornithologie de Seewiesen, ont découvert que ces oiseaux intelligents se servent de leur bec comme nous de nos mains. Tandis que nous pointons quelque chose du doigt ou agitons la main pour attirer l'attention d'autrui sur un objet ou sur nous-mêmes, les corbeaux soulèvent des objets avec leur bec. Ils indiquent ainsi une direction ou tentent d'éveiller l'attention du sexe opposé. Par ailleurs, ils savent s'exprimer très précisément, au moyen d'un «vocabulaire» riche et de nombreuses séquences gestuelles, dont ils réinventent sans cesse la chorégraphie[82]. Et ils ont bien raison : prendre le temps de tester un partenaire potentiel est tout indiqué quand on doit ensuite passer sa vie ensemble. Ces découvertes, cependant, ne font qu'ouvrir une toute petite fenêtre sur la vie affective de l'oiseau noir, qui nous réserve bien d'autres surprises.

Nous avons eu, nous aussi, notre «indicateur». Nos enfants avaient reçu un couple de perruches en cadeau, et Anton, le mâle, savait parfaitement attirer l'attention sur lui. Chaque fois qu'il avait faim, il soulevait sa mangeoire, puis la laissait retomber. Comme il avait suffisamment de jouets dans sa cage, ce geste était manifestement porteur d'un message précis : «À remplir, s'il vous plaît !»

Mais laissons là le geste pour revenir à la langue. Les chiens ne savent pas seulement aboyer : ils sont capables de produire une série de sons très variés, qui leur permettent de s'exprimer grossièrement. Il se peut d'ailleurs qu'ils émettent de subtiles nuances et que ce soit notre compréhension qui reste grossière. C'était sans doute le cas avec notre chienne Maxi. Nous avons, en effet, appris au fil des ans à discerner, au son de sa voix, si elle avait faim, si elle s'ennuyait, ou si sa gamelle d'eau était vide. Et les chevaux aussi sont manifestement capables de nuancer leur expression. Un travail de recherche suisse m'a beaucoup étonné à ce propos. Que les chevaux communiquent entre eux et clarifient bien des situations par le langage corporel n'est pas un scoop pour leurs propriétaires. Et, à la différence de celle des corvidés, la communication non verbale des animaux de selle est déjà bien étudiée. Les chercheurs de l'École polytechnique fédérale de Zurich (ETH) n'en ont pas moins découvert récemment, à leur grande surprise, que même certains cris pouvant sembler rudimentaires en disent bien plus long qu'on ne le pensait jusqu'alors. Ils ont établi que le hennissement est diphonique et peut servir à communiquer des informations complexes. La première des deux fréquences fondamentales indique s'il s'agit d'une émotion positive ou négative, tandis que la seconde révèle l'intensité de cette émotion[83]. On peut écouter, sur la page dédiée de l'ETH, un exemple de hennissement pour chacune des deux situations[84]. Et, en ce qui me concerne, j'ai pu vérifier la chose en direct : nous voir arriver met manifestement nos chevaux de bonne humeur. D'accord, nous leur donnons souvent à manger par la même occasion, mais là n'est pas la question. Non, je peux maintenant enfin dire avec certitude que mes chevaux hennissent joyeusement quand je m'avance vers eux, ce que je ne pouvais jusqu'alors que présumer. Et, après avoir pris connaissance des résultats de ces recherches, je me suis mis à les écouter plus attentivement, pour voir s'il existait des variations d'un jour à l'autre ; si, par conséquent, ils se réjouissaient plus ou moins selon les circonstances. Désormais, c'est une certitude : oui, évidemment, ces variations existent bel et bien, tout comme chez nous.

Indépendamment de cette étude, je suis sûr qu'il existe aussi un «hennissement de tendresse». Quand Zipy, la plus âgée de nos juments, se fait câline avec nous, elle émet des sons aigus, tout doucement, bouche fermée. C'est pour nous le signe qu'elle se sent bien et apprécie notre compagnie; nous savons qu'elle nous fait part «verbalement» de ses émotions.

L'exemple des chevaux illustre à quel point notre savoir est maigre en matière de communication entre animaux. Les chevaux, précisément, sont entre les mains des hommes depuis des millénaires déjà et sont donc censés être bien mieux étudiés que les animaux sauvages. Qu'ils puissent, donc, nous réserver encore de telles surprises m'incite à redoubler de prudence quand il s'agit de juger des capacités d'autres espèces.

L'étape suivante, en matière de communication, consisterait non plus seulement à décoder le langage que les animaux utilisent entre eux, mais à tenter de discuter avec eux. Nous pourrions alors les interroger directement sur ce qu'ils éprouvent – et nous épargner de laborieuses études scientifiques. Cette démarche, en réalité, a déjà été engagée, avec une femelle gorille nommée Koko, et ce qu'elle raconte a de quoi émouvoir. Ce qu'elle raconte, absolument: dans la langue des signes! C'est dans le cadre de sa thèse de doctorat, à l'université Stanford, en Californie, que Penny Patterson a entraîné le jeune hominidé que Koko était alors. Au fil du temps, Koko a appris plus de mille signes, et elle comprend désormais plus de deux mille mots en langue anglaise. Grâce à ces aptitudes, elle peut exprimer sa pensée, de sorte que dialoguer avec un animal s'est avéré possible pour la première fois. D'autres singes ont été entraînés avec des résultats comparables, montrant ainsi que Koko n'était pas un phénomène exceptionnel[85]. La femelle gorille fait de fréquentes apparitions dans les médias, et les épisodes touchants ne manquent pas. Un jour, par exemple, après lui avoir offert un zèbre en peluche, on lui a demandé ce que c'était, et voici ce qu'elle a répondu en signes : « blanc » et « tigre ». Et, à la question de savoir pourquoi les gorilles meurent, sa réponse ne s'est pas fait attendre : « problème » et « vieux »[86]. Koko a donné tellement de réponses intelligentes, en mobilisant de nouvelles notions au fur et à mesure de son apprentissage, que l'on a vraiment pu la qualifier de singe doué pour les langues.

La Gorilla Foundation, cette organisation consacrée aux grands hominidés et dont le projet phare est d'explorer le monde de Koko, fait cependant l'objet de vives critiques. La vérification des résultats par des chercheurs extérieurs n'aurait jamais été permise, et les publications sur le projet lui-même seraient rares. De plus, les conversations avec Koko ne seraient pas menées avec la rigueur scientifique requise : il est souvent arrivé, quand la femelle gorille donnait une mauvaise réponse, que les chercheurs l'interprètent simplement comme de l'espièglerie de sa part[87]. Je ne suis malheureusement pas en mesure de démêler le vrai du faux dans ce qui est publié, mais, quoi qu'il en soit, mon intuition me souffle que, bien souvent, les capacités des créatures qui partagent notre terre sont largement sous-estimées. Koko parle-t-elle vraiment ? Ses réponses ne sont-elles qu'en partie sensées ? Ce n'est pas là l'essentiel pour moi. Car la communication entre l'homme et l'animal est, en règle générale, envisagée avec une grande partialité : c'est l'homme qui tente d'enseigner sa langue à une autre espèce. Plus cette espèce comprend nos concepts ou nos ordres et peut éventuellement s'exprimer en conséquence, plus elle est considérée comme intelligente. Des perruches, des corvidés ou des singes comme Koko nous ravissent quand ils répondent à une question, surtout si c'est dans notre langue.

Or, si nous sommes effectivement – et je pars de ce principe – l'espèce la plus intelligente de la planète, pourquoi la recherche n'a-t-elle pas pris plutôt le chemin inverse ? Pourquoi nous échinons-nous, année après année, à enseigner des gestes à des cobayes, à des animaux dont les capacités d'apprentissage sont, à en croire l'état de la science, inférieures aux nôtres ? Ne serait-il pas autrement plus simple de nous mettre enfin nous-mêmes à apprendre la langue des animaux ? Nous disposons aujourd'hui de bien plus de moyens qu'il y a de ça ne serait-ce que quelques années. Reproduire le hennissement du cheval, par exemple, nous était impossible à cause de sa nature diphonique. Aujourd'hui, un ordinateur pourrait le faire, et traduire notre demande en utilisant les « mots » du cheval. Malheureusement, je n'ai connaissance d'aucun travail sérieux qui aille dans cette direction. Certaines personnes sont certes capables d'imiter la voix animale, les cris de différentes espèces d'oiseaux, par exemple. Mais qui sait faire le merle ou la mésange ne siffle peut-être rien d'autre, en langue des oiseaux, que ce message : « C'est pris ! » C'est, de fait, ce que les mâles se contentent de fredonner depuis les houppiers. Ce chant, charmant à nos oreilles, n'a en réalité qu'une fonction : dissuader la concurrence au sein de l'espèce. En matière de communication avec les créatures qui l'entourent, l'homme n'est donc, hélas, guère plus avancé qu'un perroquet qui ne saurait dire que : « Fiche le camp ! »

Corps et âme?

Nous touchons enfin à l'essentiel : les animaux ont-ils, eux aussi, une âme au sens d'un principe immatériel ? C'est là une question très délicate, que je tenterai d'abord, par facilité, d'élucider chez nous. L'âme, qu'est-ce que c'est, exactement ? Notons que le dictionnaire propose plusieurs définitions de cette notion, ce qui montre déjà qu'il n'y a pas de conception unique de l'âme. La première acception désigne l'ensemble de ce que l'homme sent, éprouve et pense, et qui le constitue fondamentalement. La seconde acception renvoie à la part de l'homme dépourvue de substance, laquelle, selon les représentations religieuses, subsisterait après la mort[88]. Étant donné que nul ne peut vérifier cette dernière définition, c'est sur la première acception que j'entends me concentrer.

Si je ne m'abuse, l'essence de l'animal devrait pouvoir, comme la nôtre, être déterminée par ce qu'il sent, éprouve et pense. Le fait que les espèces animales sont capables de sentir et d'éprouver n'est plus guère contesté aujourd'hui, comme nous l'avons vu. Il reste donc le dernier point : penser. Selon la définition du dictionnaire (laquelle ne vaut que pour l'homme), l'existence de la pensée conditionne celle de l'âme. Soit. Mettons-nous donc en quête de cette capacité à penser chez l'animal – même si ce n'est pas si simple. Car il existe, là aussi, de nombreuses définitions très compliquées, qui pour autant ne rendent pas complètement compte de la réalité. L'université de Dresde, par exemple, a ainsi proposé à ses étudiants la définition suivante, parmi d'autres : «Pensée = processus mental au cours duquel sont générées, transformées et combinées des représentations symboliques ou imagées d'objets, d'événements ou d'actions.» Voici une autre définition, nettement plus simple et plus concise, citée dans le même contexte : «Penser, c'est résoudre des problèmes[89].» Pour autant que nous comprenions bien l'action dans laquelle il est engagé, penser concourt à ce que l'animal est en train de faire. Des corbeaux qui s'appellent par leur nom, des rats qui réfléchissent à ce qu'ils font et ont des regrets, des coqs qui mentent à leurs poules et des pies infidèles : qui irait nier que se déroule à l'intérieur de ces crânes un processus visant à résoudre un problème ?

Voilà qui me donne envie tout de même de revenir à l'acception religieuse de l'âme. Même si le terrain est glissant et que je n'y suis pas sûr de moi, même si croyance et logique s'excluent souvent l'une l'autre, je n'en souhaite pas moins plaider en faveur de l'âme animale, au sens religieux du terme.

L'âme conditionne la vie après la mort, à moins que l'on ne croie à la résurrection du corps. Or, s'il existe une telle âme chez l'homme, les animaux en ont aussi nécessairement une. Pourquoi ? La réponse se trouve dans cette question : depuis quand les hommes vont-ils au ciel ? Depuis deux mille ans ? Quatre mille ans ? Ou bien depuis que l'homme existe ? Soit environ deux cent mille ans. Et où se trouve alors la rupture avec les formes antérieures, avec les êtres qui nous ont précédés ? Le processus dont l'homme est issu ne fut pas brusque, mais extrêmement progressif, fait de petits changements au fil de l'évolution, de génération en génération. Si l'on remonte ce fil, au-delà de quel moment ne saurait-il plus être question d'individus dotés d'une âme ? À partir de telle ancêtre, qui vécut il y a deux cent mille vingt-trois ans ? Ou de cet homme, armé d'un silex, qui vécut il y a deux cent mille cent quatre-vingt-dix-sept ans ? Non, il n'y a pas de limite stricte, et l'on peut continuer à remonter ainsi jusqu'à nos ancêtres primitifs, jusqu'aux primates, aux premiers mammifères, aux sauriens, aux poissons, aux plantes et aux bactéries. Or, s'il n'existe pas d'instant t marquant l'apparition soudaine de l'espèce *Homo sapiens*, alors la naissance de l'âme n'est pas datée non plus. Et s'il existe une justice supérieure, au sens religieux du terme, à partir de quand les nouvelles générations se mettraient-elles à accéder à la vie éternelle, refusée aux plus anciennes ? N'est-il pas plaisant d'imaginer au ciel une foule d'animaux de toutes sortes, évoluant parmi une multitude d'humains ?

Cela dit, je ne crois pas, pour ma part, à une vie après la mort. J'envie ceux qui en sont capables, mais mon imagination n'y suffit pas. C'est pourquoi je me contente de la première acception, non religieuse, de l'âme et qu'en ce sens, j'en attribue volontiers une à tous les animaux. Il me plaît de penser qu'autour de nous, les autres espèces ne sont pas juste des machines agissant, si ce n'est sur simple pression d'un bouton, sous la seule pression des hormones. Des écureuils, des chevreuils ou des sangliers dotés d'une âme : c'est pour moi la cerise sur le gâteau, ce qui fait chaud au cœur quand on voit ces animaux en liberté.

Épilogue

SI J'AIME À CHERCHER DES ANALOGIES ENTRE LES ANIMAUX et les hommes, c'est parce que je ne peux m'imaginer que leur ressenti soit fondamentalement différent du nôtre. Et à mon avis, il y a de fortes chances que je sois dans le vrai : le fait qu'une rupture se soit produite au cours de l'évolution et que tout ait été réinventé est désormais largement réfuté. Il n'y a qu'en matière de pensée que de grandes différences existent entre eux et nous : sur ce plan, nous sommes bel et bien les meilleurs.

Pour autant, ce qui a tellement d'importance pour nous peut en avoir moins pour d'autres créatures, sinon leur évolution aurait été identique à la nôtre. Penser autant est-il absolument indispensable ? En tout cas, sûrement pas pour vivre sereinement une existence accomplie. Quand nous sommes en vacances, ces mots ne nous viennent-ils pas spontanément aux lèvres : « C'est tellement bon de n'avoir à penser à rien ! » Il est possible d'éprouver bonheur et joie sans intense cogitation, et c'est là le point crucial : l'intelligence n'est d'aucune utilité pour vivre des émotions. Et j'insiste : le ressenti, qui commande les programmes instinctifs, est vital pour toutes les espèces animales : il existe donc, de façon plus ou moins intense chez chacune d'elles. Qu'une espèce soit capable de songer à ce qu'elle ressent, de prolonger ce ressenti par la réflexion ou de le ranimer par le souvenir est secondaire. Bien sûr, le fait que nous possédions cette capacité, qui nous permet peut-être de vivre l'instant plus intensément, est une bonne chose. Mais cela vaut aussi pour les moins bons moments. Un partout, donc, entre nous et le monde animal.

Pourquoi y a-t-il encore une telle résistance de la part de certains scientifiques, mais surtout des politiques, notamment des responsables de l'agriculture, quand il est question de la capacité des créatures qui nous entourent à ressentir le bonheur et la souffrance ? C'est qu'il s'agit, le plus souvent, de ménager l'élevage industriel, en autorisant des méthodes bon marché, telle celle déjà citée qui consiste à castrer les porcelets sans anesthésie. Ou encore la chasse dont sont victimes tous les ans des centaines de milliers de mammifères et d'oiseaux et qui, telle qu'elle est pratiquée, n'est plus du tout adaptée à notre époque.

Une fois tous les arguments mis sur la table, quand il devient évident qu'il nous faut accorder aux animaux bien plus de capacités que nous en avons l'habitude, c'est là, en général, qu'est brandi *in extremis* l'argument massue : l'anthropomorphisme. Comparer les animaux aux hommes n'est pas scientifique, c'est agir en rêveur, voire verser dans l'ésotérisme : tel est le reproche que l'on entend souvent. Dans le feu de l'action, on en oublie une évidence, apprise sur les bancs de l'école : l'homme, d'un point de vue purement biologique, est également un animal, et ne saurait s'exclure de la liste. La comparaison, par conséquent, n'est pas si fantaisiste, et surtout : on ne se représente bien que ce que l'on comprend et partage. Voilà pourquoi il est pertinent de se pencher d'abord sur les espèces dont on peut prouver qu'elles ont des émotions et des processus mentaux comparables aux nôtres.

Concevoir que les animaux aient des sensations telles que la faim ou la soif est relativement facile ; parler à leur propos de bonheur, de deuil ou de compassion, en revanche, en fait bondir certains. Or il n'est pas question du tout d'humaniser, mais juste de mieux comprendre les animaux. Comparer, en effet, sert avant tout à reconnaître que les animaux ne sont pas des créatures stupides, très inférieures à nous sur le plan de l'évolution et n'ayant eu droit, en matière de douleur ou autres ressentis, qu'à quelques retouches, tandis que notre palette, à nous, devenait si riche. Et quiconque comprend que le cerf, le sanglier et la corneille mènent leur propre vie, parfaite en soi, et y prennent, qui plus est, beaucoup de plaisir, accordera peut-être aussi son attention au petit charançon, qui s'affaire allègrement dans les feuilles des vieilles forêts.

Si le doute persiste quant à la vie sensible des animaux, c'est peut-être parce que nombre d'émotions et de processus mentaux n'ont pas encore de définition claire chez l'homme. Prenez le bonheur, la gratitude, ou simplement la pensée : ces notions restent bien difficiles à préciser. Comment, dès lors, concevoir chez des animaux ce que nous ne saisissons même pas correctement chez nous ? La démarche scientifique, soumise aujourd'hui à la règle de l'objectivité, ne nous est pas forcément d'un grand secours en pareil cas, puisqu'elle exclut d'emblée nos émotions. Or les émotions jouant un grand rôle dans notre fonctionnement (voir le chapitre intitulé « L'instinct, degré zéro du ressenti ? »), nous possédons aussi les antennes nous permettant de capter et d'identifier chez l'autre ces mouvements sensibles. Et ces antennes cesseraient de fonctionner pour la seule raison que l'autre est un animal et non un être humain ?

Nous avons évolué dans un monde plein d'autres espèces et avons dû survivre contre et avec elles. Saisir les intentions d'un loup, d'un ours ou d'un cheval sauvage fut certainement tout aussi important pour nous que de savoir lire un visage humain étranger. Certes, notre flair peut aussi nous tromper et nous amener à surinterpréter ce que fait un chien ou un chat. Cependant, dans la majorité des cas, notre intuition est juste, j'en suis fermement convaincu. Les amis des bêtes, quand ils liront ce livre, ne seront donc guère surpris par les dernières découvertes scientifiques; elles viendront surtout conforter ceux qui se fient déjà à leur ressenti à l'égard des animaux.

Le refus d'accorder autant d'émotions aux animaux repose toujours, me semble-t-il, sur la crainte de voir l'homme perdre sa position privilégiée. Pire encore: exploiter les animaux deviendrait autrement plus compliqué; des scrupules viendraient nous gâcher le plaisir à chaque repas ou au moment d'enfiler notre veste en cuir. Songeons un instant aux cochons si sensibles, qui éduquent leurs petits et les aident ensuite à élever leur propre progéniture, qui répondent à leur nom et réussissent le test du miroir – et considérons, parallèlement, les quelque deux cent cinquante millions d'abattages qui ont lieu chaque année en Europe (sans compter les autres espèces): cela fait froid dans le dos[90]!

Et les animaux ne sont pas les seules créatures sensibles. Les scientifiques le savent désormais – et peut-être l'avez-vous également lu quelque part: les arbres aussi, entre autres végétaux, ressentent, voire se souviennent. Comment, me direz-vous, allons-nous nous nourrir tout en restant moralement irréprochables, si même le végétal peut être plaint à bon droit? Soyez sans crainte: je ne suis pas en train de plaider pour la déprime au petit déjeuner et le dégoût au dîner. Notre place dans le monde du vivant, comme celle de tant d'espèces, est assortie du droit d'utiliser et de manger d'autres créatures, puisque nous ne pratiquons pas la photosynthèse.

Ce que je souhaite, c'est plutôt que nous devenions un peu plus respectueux du monde animé qui nous entoure, qu'il s'agisse des animaux ou des végétaux. Cela ne signifie pas forcément renoncer à toute utilisation, mais accepter de limiter un peu notre confort, ainsi que notre consommation de biens biologiques. Quelle sera notre récompense ? Des chevaux, des chèvres, des poules et des cochons plus guillerets ; des cervidés, des martres ou des corvidés contents, qui se laissent observer, y compris, pour ces derniers, en train de crier leur nom... Et alors, notre système nerveux central sécrétera des hormones propres à répandre en nous un sentiment auquel nul ne saurait résister : le bonheur !

Remerciements

Un immense merci à mon épouse Miriam qui, cette fois encore, s'est maintes fois penchée sur mon manuscrit inachevé, pour passer au crible les idées couchées sur le papier. Mes enfants, Carina et Tobias, m'ont rafraîchi la mémoire chaque fois que je ruminais devant mon écran muet, cherchant en vain une anecdote, alors qu'il y en avait tant... Merci, mes chéris! L'équipe des éditions Ludwig avait préalablement établi le plan du livre (j'avais, pour ma part, tellement d'idées en tête qu'il y aurait eu de quoi en écrire trois!), de manière à dresser un tableau cohérent du monde animal: merci! Angelika Lieke a mis la dernière main au texte, attirant mon attention sur les répétitions, les phrases illogiques et les pierres d'achoppement, de manière à en améliorer encore la lisibilité. Je n'oublie pas mon agent, Lars Schultze-Kossack, qui m'a mis en contact avec mon éditeur et n'a cessé de m'encourager quand je doutais du résultat (comme pour *La Vie secrète des arbres*, pour lequel j'étais également plein d'hésitations). Enfin, je souhaite remercier tout particulièrement Maxi, Schwänli, Vito, Zipy, Bridgi et tous mes complices à quatre pattes ou à deux ailes, pour m'avoir laissé partager la richesse de leurs vies et raconté toutes les histoires que j'ai eu le bonheur de traduire ici pour vous, chères lectrices et chers lecteurs.

Notes

1. Simon, N., «Freier Wille : eine Illusion ?», sur stern.de, 14 avril 2008, http://www.stern.de/wissenschaft/mensch/617174.html, consulté le 29 octobre 2015.

2. https://www.mcgill.ca/newsroom/channels/news/squirrels-show-softer-side-adopting-orphans-163790, consulté le 29 octobre 2015.

3. http://www.welt.de/vermischtes/kurioses/article13869594/Bulldogge-adoptiert-sechs-Wildschwein-Frischlinge.html, consulté le 30 octobre 2015.

4. http://www.spiegel.de/panorama/ungewoehnliche-mutterschafthuendin-saeugt-14-ferkel-a-784291.html, consulté le 1er novembre 2015.

5. DeMelia, A., «The Tale of Cassie and Moses», *The Sun Chronicle*, 5 septembre 2011, http://www.thesunchronicle.com/news/the-tale-of-cassie-and-oses/article_e9d792d1-c55a-51cf-9739-9593d39a8ba2.html, consulté le 5 septembre 2011.

6. Joel, A., «Mit diesem Delfin stimmt etwas nicht», *Die Welt*, 26 décembre 2011, http://www.welt.de/wissenschaft/umwelt/article13782386/Mit-diesem-Delfin-stimmt-etwas-nicht.html, consulté le 30 novembre 2015.

7. http://physiologie.cc/XVI.6.htm, consulté le 19 octobre 2015.

8. Stockinger, G., «Neuronengeflüster im Endhirn», *Der Spiegel*, 5 mars 2011, p. 112-114.

9. Feinstein, J. S., *et al.*, « The Human Amygdala and the Induction and Experience of Fear », *Current Biology*, n° 21, 11 janvier 2011, p. 34-38.

10. Portavella, M., *et al.*, « Avoidance Response in Goldfish: Emotional and Temporal Involvement of Medial and Lateral Telencephalic Pallium », *The Journal of Neuroscience*, 3 mars 2004, p. 2335-2342.

11. Breuer, H., « Die Welt aus der Sicht einer Fliege », *Süddeutsche Zeitung*, 19 mai 2010, http://www.sueddeutsche.de/panorama/forschung-die-welt-aus-sicht-einer-fliege-1.908384, consulté le 20 octobre 2015.

12. http://www.spiegel.de/wissenschaft/natur/angelprofessor-robertarlinghaus-ueber-den-schmerz-der-fische-a-920546.html, consulté le 11 novembre 2015.

13. Evers, M., « Leiser Tod im Topf », *Der Spiegel* 52, 19 décembre 2015, p. 120.

14. Stelling, T., « Do Lobsters and Other Invertebrates Feel Pain? New Research Has Some Answers », *The Washington Post*, 10 mars 2014, https://www.washingtonpost.com/national/health-science/do-lobsters-and-other-invertebrates-feel-pain-new-research-has-some-answers/2014/03/07/f026ea9e-9e59-11e3-b8d8-94577ff66b28_story.html, consulté le 19 décembre 2015.

15. Dugas-Ford, J., *et al.*, « Cell-Type homologies and the origins of the neocortex », *PNAS*, 16 octobre 2012, vol. 109, n° 42, p. 16974-16979.

16. Reid, C. R., *et al.*, « Slime Mold Uses An Externalized Spatial "memory" to navigate in complex environments », *PNAS*, 23 octobre 2012, vol. 109, n° 43, p. 17490-17494, https://doi.org/10.1073/pnas.1215037109

17. http://www.daserste.de/information/wissen-kultur/wissen-vor-acht-zukunft/videos/wissen-vor-acht-zukunft-hoerfassung-video-114.html, consulté le 13 octobre 2015.

18. http://de.statista.com/statistik/daten/studie/157728/umfrage/jahresstrecken-von-schwarzwild-in-deutschland-seit-1997-98/, consulté le 28 novembre 2015.

19. Bodderas, E., « Schweine sprechen ihre eigene Sprache. Und bellen », welt.de du 15 janvier 2012, http://www.welt.de/wissenschaft/article13813590/Schweine-sprechen-ihre-eigene-Sprache-Und-bellen.html, consulté le 29 novembre 2015.

20. http://www.welt.de/print/wams/lifestyle/article13053656/Die-grossen-Schwindler.html, consulté le 19 octobre 2015.

21. http://www.ijon.de/elster/verhalt.html, consulté le 3 décembre 2015.

22. http://www.nationalgeographic.de/aktuelles/ist-der-fuchs-wirklichso-schlau-wie-sein-ruf, consulté le 21 janvier 2016.

23. Shaw, R. C., Clayton, N. S., « Careful Cachers and Prying Pilferers : Eurasian Jays *(Garrulus glandarius)* Limit Auditory Information Available to Competitors », *Proceeding of the Royal Society* B 280 : 20122238. http://dx.doi.org/10.1098/rspb.2012.2238, consulté le 1er janvier 2016.

24. Gentner, A.-M., « Die Typen aus dem Tierreich », *GEO* 2, 2016, p. 46-57.

25. Turbill, C., *et al.*, « Regulation of Heart Rate and Rumen Temperature in Red Deer : Effects of Season and Food Intake », *Journal of Experimental Biology*, 2011, 214, p. 963-970.

26. « Persönlichkeitsunterschiede : Für Rothirsche wird soziale Dominanz in mageren Zeiten ganz schön teuer », communiqué de presse de l'université de médecine vétérinaire de Vienne, 18 septembre 2013.

27. « Wenn Bienen den Heimweg nicht finden », communiqué de presse no 92 du 20 mars 2014, université libre de Berlin.

28. Klein, S., « Die Biene weiß, wer sie ist », *Zeit Magazin* no 2 du 25 février 2015. http://www.zeit.de/zeit-magazin/2015/02/bienenforschung-randolf-menzel, consulté le 09 janvier 2016.

29. *Ibid.*

30. http://www.tagesspiegel.de/berlin/fraktur-berlin-bilder-aus-derkaiserzeit-vom-pferd-erzaehlt/10694408.html, consulté le 2 septembre 2015.

31. Lebert, A., et Wüstenhagen, C., « In Gedanken bei den Vögeln », *Zeit Wissen* 4, 16 juin 2015, http://www.zeit.de/zeit-wissen/2015/04/hirnforschung-tauben-onur-guentuerkuen, consulté le 4 décembre 2015.

32. http://www.spiegel.de/video/rodelvogel-kraehe-auf-schlittenfahrtvideo-1172025.html, consulté le 16 novembre 2015.

33. Jeschke, A., « Zu welchen Gefühlen Tiere wirklich fähig sind », Welt.de, 15 février 2015, http://www.welt.de/wissenschaft/umwelt/article137478255/Zu-welchen-Gefuehlen-Tiere-wirklich-faehig-sind.html, consulté le 10 août 2015.

34. Cerutti, H., «Clevere Jagdgefährten», *NZZ Folio*, juillet 2003, http://folio.nzz.ch/2003/juli/clevere-jagdgefahrten, consulté le 19 octobre 2015.

35. http://www.daserste.de/information/wissen-kultur/w-wie-wissen/sendung/raben-100.html, consulté le 19 octobre 2015.

36. http://www.swr.de/odysso/-/id=1046894/nid=1046894/did=8770472/18hal4o/index.html, consulté le 21 octobre 2015.

37. Plüss, M., «Die Affen der Lüfte», *Die Zeit*, nº 26, 21 juin 2007.

38. Broom, D. M., *et al.*, «Pigs Learn What a Mirror Image Represents and Use it to Obtain Information», *Animal Behaviour*, vol. 78, nº 5, novembre 2009, p. 1037-1041.

39. https://www.mcgill.ca/newsroom/channels/news/squirrels-show-softer-side-adopting-orphans-163790, consulté le 29 octobre 2015.

40. Kneppler, M., «Auswirkungen des Forst- und Alpwegebaus im Gebirge auf das dort lebende Schalenwild und seine Bejagbarkeit», mémoire de séminaire, formation universitaire en économie de la chasse, University of Natural Resources and Life Sciences, Vienne, 2013-2014, p. 7.

41. Herrmann, S., «Peinlich», *Süddeutsche Zeitung*, 30 mai 2008, http://www.sueddeutsche.de/wissen/schamgefuehle-peinlich-1.830530, consulté le 3 janvier 2016.

42. Steiner, A. P., et Redish, A. D., «Behavioral and Neurophysiological Correlates of Regret in Rat Decision-making on a Neuroeconomic Task», *Nature Neuroscience* 17, 2014, p. 995-1002.

43. «Glauben Sie niemals Ihrem Hund», *Taz*, 27 février 2014, http://www.taz.de/!5047509/, consulté le 13 janvier 2016.

44. Range, F., *et al.*, «The Absence of Reward Induces Inequity Aversion in Dogs», communiqué par Frans B. M. de Waal, Emory University, Atlanta, GA, 30 octobre 2008 (reçu pour compte rendu le 21 juillet 2008), pnas.0810957105, vol. 106, nº 1, p. 340-345, doi: 10.1073.

45. Massen, J. J. M., *et al.*, «Tolerance and Reward Equity Predict Cooperation in Ravens (*Corvus corax*)», *Scientific Reports* 5, numéro d'article: 15021 (2015), doi:10.1038/srep15021.

46. Ganguli, I., «Mice Show Evidence of Empathy», *The Scientist*, 30 juin 2006, http://www.the-scientist.com/?articles.view/articleNo/24101/title/Mice-show-evidence-of-empathy/, consulté le 18 octobre 2006.

47. Martin, L. J., *et al.*, «Reducing Social Stress Elicits Emotional Contagion of Pain in Mouse and Human Strangers», *Current Biology*, janvier 2015, doi: 10.1016/j.cub.2014.11.028.

48. Kollmann, B., «Gemeinsam glücklich», *Berliner Morgenpost*, 2 février 2015, http://www.morgenpost.de/printarchiv/wissen/ article137015689/Gemeinsam-gluecklich.html, consulté le 30 octobre 2015.

49. Kaufmann, S., «Spiegelneuronen. Alles Nerven-Sache – wie Reize unser Leben steuern», émission «Planet Wissen» du 7 novembre 2014, ARD.

50. https://www.wissenschaft-aktuell.de/artikel/Auch_ Bakterien_verhalten_sich_selbstlos___zum_Wohl_der_ Gemeinschaft1771015587059.html, consulté le 25 octobre 2015.

51. Carter, G. G., Wilkinson, G. S., «Food Sharing in Vampire Bats: Reciprocal Help Predicts Donations More Than Relatedness or Harassment», *Proceedings of the Royal Society*. B, 280, février 2013: 20122573. http://dx.doi.org/10.1098/rspb.2012.2573, consulté le 26 octobre 2015.

52. http://www.zeit.de/wissen/umwelt/2014-06/tierhaltung-wolf-hybrid-hund, consulté le 16 août 2015.

53. Lehnen-Beyel, I., «Warum sich ein Wolf niemals zähmen lässt», *Die Welt*, 20 janvier 2013, http://www.welt.de/wissenschaft/ article112871139/Warum-sich-ein-Wolf-niemals-zaehmen-laesst.html, consulté le 7 décembre 2015.

54. http://www.schwarzwaelder-bote.de/inhalt.schramberg-rehbockgreift-zwei-frauen-an.9b8b147b-5ba7-4291-bbd7-c21573c6a62c.html, consulté le 16 août 2015.

55. http://www.kaninchen-info.de/verhalten/kot_fressen.html, consulté le 20 décembre 2015.

56. Podbregar, N., «Warum Katzen keine Naschkatzen sind», Scinexx.de, http://www.scinexx.de/dossier-detail-607-9.html, consulté de 14 janvier 2016.

57. Gebhardt, U., «Der mit den Füßen schmeckt», *Zeit* online du 1er mai 2012, http://www.zeit.de/wissen/umwelt/2012-04/tier-schmetterling, consulté le 14 janvier 2016.

58. Derka, H., «Weil das Stinken so gut riecht», kurier.at, http:// kurier.at/thema/tiercoach/weil-das-stinken-so-gut-riecht/62.409.723, consulté le 6 octobre 2015.

59. http://www.canosan.de/wurmbefall.aspx, consulté le 21 septembre 2015.

60. http://www.spiegel.de/panorama/suedafrika-loewen-zerfleischenihre-beute-zwischen-autofahrern-a-1043642.html, consulté le 4 septembre 2015.

61. Dr. Petrak, M., «Rotwild als erlebbares Wildtier: Folgerungen aus dem Pilotprojekt Monschau-Elsenborn für den Nationalpark Eifel», in *Von der Jagd zur Wildbestandsregulierung*», NUA, cahier n° 15, p. 18-24, NUA, mai 2004.

62. http://www.welt.de/welt_print/wissen/article5842358/Wenn-der-Schreck-ins-Erbgut-faehrt.html, consulté le 9 décembre 2015.

63. Spengler, D., «Gene lernen aus Stress», rapport de recherche, 2010, institut Max-Planck de psychiatrie, Munich. https://www.mpg.de/431776/forschungsSchwerpunkt, consulté le 9 décembre 2015.

64. «Stockholm-Syndrom: Wenn das Gute zum Bösen wird», *Der Spiegel*, 24 août 2006.

65. Lattwein, R., «Bienen. Artenvielfalt und Wirtschaftsleistung», p. 8, coédité par le centre de formation Ökologisches Schulland Spohns Haus de Gersheim et le ministère de l'Environnement de la Sarre, 2009.

66. http://www.sueddeutsche.de/panorama/braunbaerinnen-sex-mitvielen-maennchen-1.857685, consulté le 10 octobre 2015.

67. «Rats Dream About Their Tasks During Slow Wave Sleep», *MIT News*, 18 mai 2002, http://news.mit.edu/2002/dreams, consulté le 17 janvier 2016.

68. Jouvet, M., «The States of Sleep», *Scientific American*, 1967, 216, 2, p. 62-68, https://sommeil.univ-lyon1.fr/articles/jouvet/scientific_american/contents.php, consulté le 17 janvier 2016.

69. Breuer, H., «Die Welt aus Sicht einer Fliege», *Süddeutsche Zeitung*, 19 mai 2010, http://www.sueddeutsche.de/panorama/forschung-die-welt-aus-sicht-einer-fliege-1.908384, consulté le 20 octobre 2015.

70. Maier, E., «Frühwarnsystem auf vier Beinen», *Max-Planck-Forschung* 1, 2014, p. 58-63.

71. Berberich, G., et Schreiber, U., «GeoBioScience: Red Wood Ants as Bioindicators for Active Tectonic Fault Systems in the West Eifel (Germany)», *Animals*, 3, 2013, p. 475-498.

72. http://www.gutenberg-gesundheitsstudie.de/ghs/uebersicht.html, consulté le 4 octobre 2015.

73. Henning, G. A., « Falter tragen wieder hell », *Die Zeit*, 44, 30 octobre 1970.

74. Lebert, A., et Wüstenhagen, C., « In Gedanken bei den Vögeln », *Zeit Wissen*, n° 4, 2015, http://www.zeit.de/zeit-wissen/2015/04/hirnforschung-tauben-onur-guentuerkuen, consulté le 22 février 2016.

75. Holz, G., « Sinne des Hundes, Hundeschule wolf-inside », 2011, http://www.wolf-inside.de/pdf/Visueller-Sinn.pdf, consulté le 10 octobre 2015.

76. Reggentin, L., « Das Wunder der Bärtierchen », *National Geographic Deutschland*, http://www.nationalgeographic.de/aktuelles/das-wunder-der-baertierchen, consulté le 29 septembre 2015.

77. « Das Anthropozän – Erdgeschichte im Wandel », http://www.dw.com/de/das-anthropozän-erdgeschichte-im-wandel/a-16596966, consulté le 26 novembre 2015.

78. http://www.gdv.de/2014/10/zahl-der-wildunfaelle-sinkt-leicht/, consulté le 10 décembre 2015.

79. Werner, P., et Zahner, R., « Biologische Vielfalt und Städte : Eine Übersicht und Bibliographie », BfN-Scripten 245, Bonn, Bad Godesberg, 2009.

80. Hucklenbroich, C., « Ziemlich alte Freunde », *Frankfurter Allgemeine Zeitung Wissen*, 28 mai 2016, http://www.faz.net/aktuell/wissen/natur/mensch-undhaushund-ziemlich-alte-freunde-13611336.html, consulté le 19 janvier 2016

81. http://tu-dresden.de/die_tu_dresden/fakultaeten/fakultaet_wirtschaftswissenschaften/bwl/marketing/lehre/lehre_pdfs/Mueller_IM_G1_Kommunikation.pdf, consulté le 16 novembre 2015.

82. Pika, S., « Schau Dir das an : Raben verwenden hinweisende Gesten », rapport de recherche, 2012, institut Max-Planck d'ornithologie, https://www.mpg.de/4705021/Raben_Gesten?c=5732343&force_lang=de, consulté le 16 novembre 2015.

83. Briefer, E. F., *et al.*, « Segregation of Information About Emotional Arousal and Valence in Horse Whinnies », *Scientific Reports* 4, 2015, numéro d'article : 9989, http://www.nature.com/articles/srep09989, consulté le 14 novembre 2015.

84. https://www.ethz.ch/de/news-und-veranstaltungen/eth-news/news/2015/05/wiehern-nicht-gleich-wiehern.html

85. http://www.koko.org

86. http://www.sueddeutsche.de/wissen/tierforschung-die-intelligenzbestien-1.912287-3, consulté le 28 décembre 2015.

87. Hu, J. C., «What Do Talking Apes Really Tell Us?», http://www.slate.com/articles/health_and_science/science/2014/08/koko_kanzi_and_ape_language_research_criticism_of_working_conditions_and.single.html, consulté le 28 décembre 2015.

88. http://www.duden.de/rechtschreibung/Seele#Bedeutung1, consulté le 9 septembre 2015.

89. Goschke, T., «Kognitionspsychologie : Denken, Problemlösen, Sprache», présentation Powerpoint pour cours magistral, semestre d'été 2013, module A1 : Kognitive Prozesse.

90. http://www.agrarheute.com/news/eu-ranking-diese-laender-schlachten-meisten-schweine, consulté le 23 décembre 2015.

L'EXEMPLAIRE QUE VOUS TENEZ ENTRE LES MAINS
A ÉTÉ RENDU POSSIBLE GRÂCE AU TRAVAIL DE TOUTE UNE ÉQUIPE.

MISE EN PAGE : Soft Office
COUVERTURE : Sara Deux
ÉDITION : Clotilde Meyer
PHOTOGRAVURE : Les Artisans du Regard
RÉVISION : Laurent Raymond
FABRICATION : Marie Baird-Smith

COMMERCIAL : Pierre Bottura
COMMUNICATION : Isabelle Mazzaschi
et Jérôme Lambert, avec Adèle Hybre
RELATIONS LIBRAIRES : Jean-Baptiste Noailhat

RUE JACOB DIFFUSION : Élise Lacaze (direction),
Katia Berry (grand Sud-Est), François-Marie Bironneau (Nord et Est),
Charlotte Jeunesse (Paris et région parisienne),
Christelle Guilleminot (grand Sud-Ouest), Laure Sagot (grand Ouest),
Diane Maretheu (coordination) et Charlotte Knibiehly (ventes directes),
avec Christine Lagarde (Pro Livre), Béatrice Cousin et Laurence Demurger
(équipe Enseignes), Fabienne Audinet et Benoît Lemaire (LDS),
Bernadette Gildemyn et Richard Van Overbroeck (Belgique),
Nathalie Laroche et Alodie Auderset (Suisse) et Kimly Ear (Grand Export).

DISTRIBUTION : Hachette

DROITS FRANCE ET JURIDIQUE : Geoffroy Fauchier-Magnan
DROITS ÉTRANGERS : Sophie Langlais

ENVOIS AUX JOURNALISTES ET LIBRAIRES : Patrick Darchy
LIBRAIRIE DU 27 RUE JACOB : Laurence Zarra
ANIMATION DU 27 RUE JACOB : Perinne Daubas

COMPTABILITÉ ET DROITS D'AUTEUR : Christelle Lemonnier
avec Camille Breynaert
SERVICES GÉNÉRAUX : Isadora Monteiro Dos Reis, Jean-Luc Ichiza-Imaho

La couverture et la bande ont été imprimées
par Déjà Link, à Stains, respectivement
sur de la carte Crescendo PEFC et un couché moderne PEFC.

Certifié PEFC

Ce produit est issu
de forêts gérées
durablement et de
sources
contrôlées.

10-31-3068   pefc-france.org

Achevé d'imprimer en France
par l'imprimerie CPI Bussière à Saint-Amand-Montrond (Cher)
en novembre 2018 sur du Lac 2000 PEFC.

ISBN : 978-2-35204-737-7
N^c d'impression : 2040772
Dépôt légal : avril 2018